シリーズ
いま日本の「農」を問う
10

いま問われる農業戦略

規制・TPP・海外展開

長命洋佑／川崎訓昭／長谷 祐
小田滋晃／吉田 誠／坂上 隆［著］
岡本重明／清水三雄／清水俊英

ミネルヴァ書房

刊行にあたって

「農業」関連の議論や報道が活発化している。これまで農業問題というと、農業研究者や生産者、農林水産省・JA関係者だけの問題と考えられ、とくに都市部の住民は関心が薄かった。ところが、ここへきて急に農業問題がクローズアップされ一般市民の関心を集めている背景には、世界規模での社会情勢の変化がある。マスコミが発信する記事からは、研究機関・穀物メジャーや大商社・食品関連企業・農林水産省などからの新しい農業の動向が伝えられる。また食料自給率や食料安全保障という考え方が市民に浸透し、日本の食料問題は、世界の政治・経済や気候条件と無関係ではないという事実を強く感じさせる。

また環境問題や食の安全問題は、自分自身の問題として、我々の日常に無関係ではなくなっている。しかし肥料の過剰投与や化学農薬による土壌や水質汚染、遺伝子組換え種子の問題は、それをセンセーショナルに否定的にとらえる論調ばかりが目立ち、実際のところはどうなのか、という冷静な判断ができにくくなっている。

一方で、化学肥料や農薬を使わない「有機農業」や、そもそも肥料も農薬も使わない「自然農法」の存在がきわめて魅力的に語られ、環境や食の安全に関心のある人々を惹きつけている。しかし、実際のところはどうなのか、現実にはどの程度実現しているのか、という冷静で客観的な判断は、残念ながらあまり目にする機会がない。これは原発の自然エネルギーへの代替可能性論議に似ている。

本シリーズを企画するにあたり、センセーショナルな論者ではなく、科学的かつ客観的で冷静な、あるいは農業の実践者ならではの経験蓄積から語られる、説得力のある言葉をもつ筆者にお願いした。そのため執筆者の範囲はたいへん広くなり、大学や研究機関の研究者では、農学にとどまらず、生物学、植物遺伝学、文化人類学、経済学、哲学、歴史学、社会学にまでおよぶこととなった。研究者以外では、穀物メジャーや大商社の現役商社マン、世界規模の化学会社、種苗会社、食品関連企業、また農業関係のジャーナリストやコンサルタント、大規模農家、農業関連NPOの代表や農業ベンチャーの経営者まで幅広い。その結果、執筆者の年齢も三〇代はじめから七〇代まで広がった。また筆者選定にあたり、TPPに賛成か反対か、遺伝子組換え問題に賛成か反対かという立場を「踏み絵」的条件にすることを避けた。

この企画作業の過程で、「農業」という人間の営みがもつ多面的な姿に気付かされることになった。「農業」は生産活動である前にまず「文化的な営み」であることを感じ、企画の基調に「農業は文化である」という視点を立てることとなった。

この広範な視野を取り込む編集作業にあたり、多くの方のご協力、ご教示を得た。ここに記し、深く感謝する次第である。

平成二六年五月

本シリーズ企画委員会

いま問われる農業戦略——規制・TPP・海外展開　目次

目　次

本文DTP　AND・K
企画・編集　エディシオン・アルシーヴ

第**1**章　次世代型農業の経営戦略

——日本農業における六次産業化——

長命洋佑・川崎訓昭・
長谷　祐・小田滋晃

長命洋佑（ちょうめい　ようすけ）

1977年，大阪府生まれ。九州大学大学院農学研究院助教。

京都大学大学院農学研究科博士後期課程修了。農学博士。日本学術振興会特別研究員PD，京都大学大学院農学研究科特定准教授を経て，2014年4月より現職。専門は，農業経営学，畜産経営学。主な研究業績として『動き始めた「農企業」』（共著，昭和堂，2013年），『躍動する「農企業」』（共著，昭和堂，2014年），など。

川﨑訓昭（かわさき　のりあき）

1981年，奈良県生まれ。京都大学大学院農学研究科特定助教。

京都大学大学院農学研究科博士後期課程研究指導認定。2012年より現職。専門は，農業経営学，産業組織論。主な業績として『農業におけるキャリア・アプローチ（日本農業経営年報第7巻）』（共著，農林統計協会，2009年），『農業構造変動の地域分析』（共著，農山漁村文化協会，2012年）など。

長谷　祐（ながたに　たすく）

1985年，埼玉県生まれ。京都大学大学院農学研究科特定研究員。

京都大学大学院農学研究科博士後期課程研究指導認定。日本学術振興会特別研究員DCを経て，2014年より現職。主な業績として『農業におけるキャリア・アプローチ（日本農業経営年報第7巻）』（共著，農林統計協会，2009年），『ワインビジネス――ブドウ畑から食卓までつなぐグローバル戦略』（共訳，昭和堂，2010年）など。

小田滋晃（おだ　しげあき）

1954年，大阪府生まれ。京都大学大学院農学研究科教授。

京都大学大学院農学研究科博士後期課程単位取得。大阪府立大学農学部助手，京都大学農学部附属農業簿記研究施設講師，助教授を経て，2004年より現職。専門は，農業経済学，農業経営学，農業会計学，農業情報学。主な業績として『農業におけるキャリア・アプローチ』（編著，農林統計協会，2009年），『ワインビジネス――ブドウ畑から食卓までつなぐグローバル戦略』（監訳，昭和堂，2010年），『農業経営支援の課題と展望』（共著，養賢堂，2010年）など。

1　日本農業をめぐる新たな動き

農業の成長戦略

近年、日本農業の構造改革や農業の高付加価値化の推進、ＴＰＰに代表される貿易自由化のなかで農業の競争力強化に関する議論や取り組みが盛んになっている。とくに、第二次安倍晋三内閣が二〇一二年末に発足して以降、その機運は高まっている。

同内閣では、日本経済の再生に向けて展開する「大胆な金融政策」「機動的な財政政策」「成長戦略」の「三本の矢」（いわゆるアベノミクス）を一体として推進し、長期にわたるデフレと景気低迷からの脱却を図ることを最優先課題としている。その「三本の矢」の一つ「成長戦略（日本再興戦略）」のなかに農業が位置づけられ、農業関係者のみならず国民にとっての関心事となっている。

二〇一三年五月には、農林水産業・地域が将来にわたって国の活力の源となり、持続的な発展を可能とする方策を検討するため、首相自らが本部長を務める「農林水産業・地域の活力創造本部」を設置した。同本部において、安倍首相は持論である「攻めの農林水産業」を実現させるため、「農業・農村所得倍増目標一〇カ年戦略」（以下、「所得倍増戦略」と略す）を打ち出した。

そこでまず、日本農業の現状を生産額で見てみよう。経済のグローバル化が進行した一九九〇年代以降、日本の農業生産額や農業所得は大きく落ち込んでいる。一九九〇年と二〇一〇年を比べると、農業生産額は一三・七兆円から九・八兆円へ、農業所得は六・一兆円から三・二兆円へとそれぞれ減少している。これに対し「所得倍増戦略」では、農業生産額を一二兆円に向上させるとともに、一戸あたりの農業所得を二〇二〇年までの一〇年間で倍増させることを目標としている。「所得倍増戦略」では、以下の三点が大きな目標として掲げられている。

第一に、二〇一〇年時点で約四五〇〇億円の農林水産物・食品の輸出額を二〇二〇年までに一兆円規模に拡大すること。

第二に、農業生産だけでなく、加工や流通、販売までを含めた「六次産業化」の推進により、一兆円程度である六次産業化の市場規模（二〇一〇年時点）を同じく二〇二〇年までに一〇兆円規模にまで拡大させること。

第三に、農地集積バンクによる農地集積を行い、地域の中心となる経営体（担い手）への農地集積率を、八割にまで向上させること（二〇一〇年時点では五割程度）。

経営戦略へのアプローチ

日本における農業政策をめぐっては、多くの研究者や農業関係者が議論を展開している。たとえばＴＰＰへの参加に賛成か反対かなど、農業政策の是非を問うような議論を含め、それぞれの立場からさまざまな主張や考え方が展開されている。しかし本章では、次世代を担う多様な農業経営、とくに六次産業化事業を展開している経営における経営戦略を明らかにすることを課題とするため、農業政策の是非論は展開しない。具体的には、かつてないほどのスピードで変化・変貌を遂げている日本農業において新たな展開を図っている農業経営に焦点を当て、その実態の解明を図るとともに、それら経営体の経営戦略のありようを示すことを課題とする。そのため、多くの部分が我々の調査結果に基づく「現場に軸足を置いた」視点からのものとなっている。

本章の構成はおおむね以下の通りである。まず、変動期にある日本農業の現状について統計資料を用いて提示する。次いで、経営戦略の一つの方向性として注目されている六次産業化に焦点を当て、現状の動きを描写する。ここでは、六次産業化事業を取り巻く主体の関係および農業経営における六次産業化事業の展開パターンを提示するとともに、経営戦略のありようについて触れる。最後に、筆者らがこれまで行ってきた調査事例を取り上げ、先進的と目される農業経営における経営戦略について言及していく。

ところで、筆者らがこれまで行ってきた調査経験から、一〇〇の経営があれば一〇〇通りの経営戦略が存在し、まったく同じ戦略をとっている経営は一つもないと言える。先進的と目される農業経営体になれば、経営戦略の独自性の高さはなおさらのことであろう。そのため、一言で、「こうした戦略をとればうまくいく」というような単純な一般化は不可能である。このため、可能な限り現場の農業経営における多様性をくみ取りつつ、先進的と目される農業経営における経営戦略の概要を把握し、言及することを試みた。

2　日本農業を取り巻く現状

農業の特質

本節では、我が国における農業生産の動きについて統計資料を用いて概観していくこととしよう。結論を先取りすれば、描き出す我が国の農業生産の姿は実に多様性に富んでおり、その将来を考える場合、さまざまな要素を考慮すべき必要があるといえる。

まずは、多様な農業生産を理解する前に、そもそも農業とはどういったものなのか、その特質について整理しておこう。農業の特質としては、大きく次の三つが考えられる。その特質とは、第一に農業の技術的特質、第二に農業の商品的特質、そして第三に農業の主体的特質である。

第一の特質に関しては、農業生産は植物体の生命現象を利用した生産であり、農産物自体を直接に製造することはできないという点が挙げられる。また、農業生産に係る作業・工程の順序の入れ替えは、基本的に不可能であるという点にも留意する必要がある。たとえば耕種農業では、播種から収穫・調整までの作業や工程について、基本的にその順序の入れ替えは季節性も含めて不可能である。そして、それらの生産は天候などの自然条件に大きく左右される。さらに農産物は大きさや品質などのバラツキが多いため、標準化を目指した規格生産が非常に困難であるといえる。

第二の特質に関しては、商品としての農産物の多くは、腐りやすく潰れやすいという点が挙げられる。そして、農作物は大きさや重量などが不揃いであり、一般的に嵩張るといった特質を持っている。

第三の特質に関しては、その生産は、一般に家族労働力に依存した家族農業経営が大部分を担うということである。

日本農業の統計資料「農林業センサス」

次に、各種公表されている統計資料を用いながら、日本農業の現状を見ていくこととしよう。一般的に日本農業の現状や動向を具体的な数字を拾い上げて把握しようとした場合、もっとも利用される統計資料は、「農林業センサス」であろう。「農林業センサス」に含まれる「センサス」とは、全数調査を意味するものであることから「農林業センサス」も全農家を対象とした調査である。

「センサス」の言葉が最初に用いられたのは、戦後、農家人口調査（一九四六年）が行われた翌年の「臨時農業センサス」（一九四七年）のときである。その後、一九五〇年にFAOが世界的規模で提唱した「一九五〇年世界農業センサス」に参加し、センサスの歴史が開始された。ただし、当時は、林業に関する調査は行われていなかった。林業部門の調査が実施されたのは、「一九六〇年世界農林業センサス」以降のことである。その背景には、我が国の農家の半数は山林を保有していたことから、林業問題のみならず農業問題を解明するためには、林業生産の構造把握を行う必要があったためである。その後、一〇年ごとに行われる「世界農林業センサス」に参加することで、一〇年間隔で農業の国際比較が可能なデータの蓄積が行われている。また、一〇年ごとの中間年次（つまり〇〇五年次）には、我が国のみの独自の農林業センサスを実施している（一九九五年までの名称は「農業センサス」）。こうした調査の実施により、少なくとも五年に一度、国内における農業の状況が一定程度以上把握できる統計システムが整備されている。

「センサス」の創成期では、小規模の家族農業経営が大部分を占めていた。その後、小規模農家や土地持ち非農家の農地を借りて大規模農業を営む農業生産法人が現れてきたのが一九七〇年代の後半である。国もこうした農業経営の大規模化を促進するために農業の法人化を奨励してきた。その後、一九八〇〜一九九〇年代においては、農産物貿易の自由化の流れをふまえ、農業の構造改善を目指す動きのなかで、新たな農業経営形態を把握することに重点が置かれるようになった。たとえば、一九九〇年センサスからは「販売農家」と「自給的農家」の区分を設け、「販売農家」の農業経営全般に関わる統計データを重点的に把握するとともに、農業サービス事業体調査が新設され、農作業の受委託などの農業サービスが生産に深く関与する現状をとらえようとした。さらに二〇〇五年には、農林業経営をより的確にとらえるために、農家という「世帯」の把握ではなく、「農業経営体」という「担い手が行う個々の農業生産活動」を主たる計測単位とするように改正が行われてきた。

このようにセンサスの歴史をひも解いてみると、時代背景の変化に対応して、調査対象となる農家・農業経営体などの定義は幾度となく修正されてきたことがわかる。とくに、先に見たように、一九九〇年を境に農家の分類区分は大きく変更されており、センサスにおける統計データの連続性が調査項目によっては保証されなくなっている。この点はきわめて重要なことであり、留意する必要がある。

日本農業の担い手

ここで、日本農業の担い手の動きについてみていこう。図1は、一九九〇〜二〇一〇年の農家人口の推移を示したものである。また、図2は、主副業別販売農家数などの推移を示したものである。

第一に、総農家戸数の動きをみると、二〇一〇年の総農家戸数は二〇〇〇年に比べて二割減少し、二五二・八万戸となっている。また、図には示していないが、一九六〇年と比

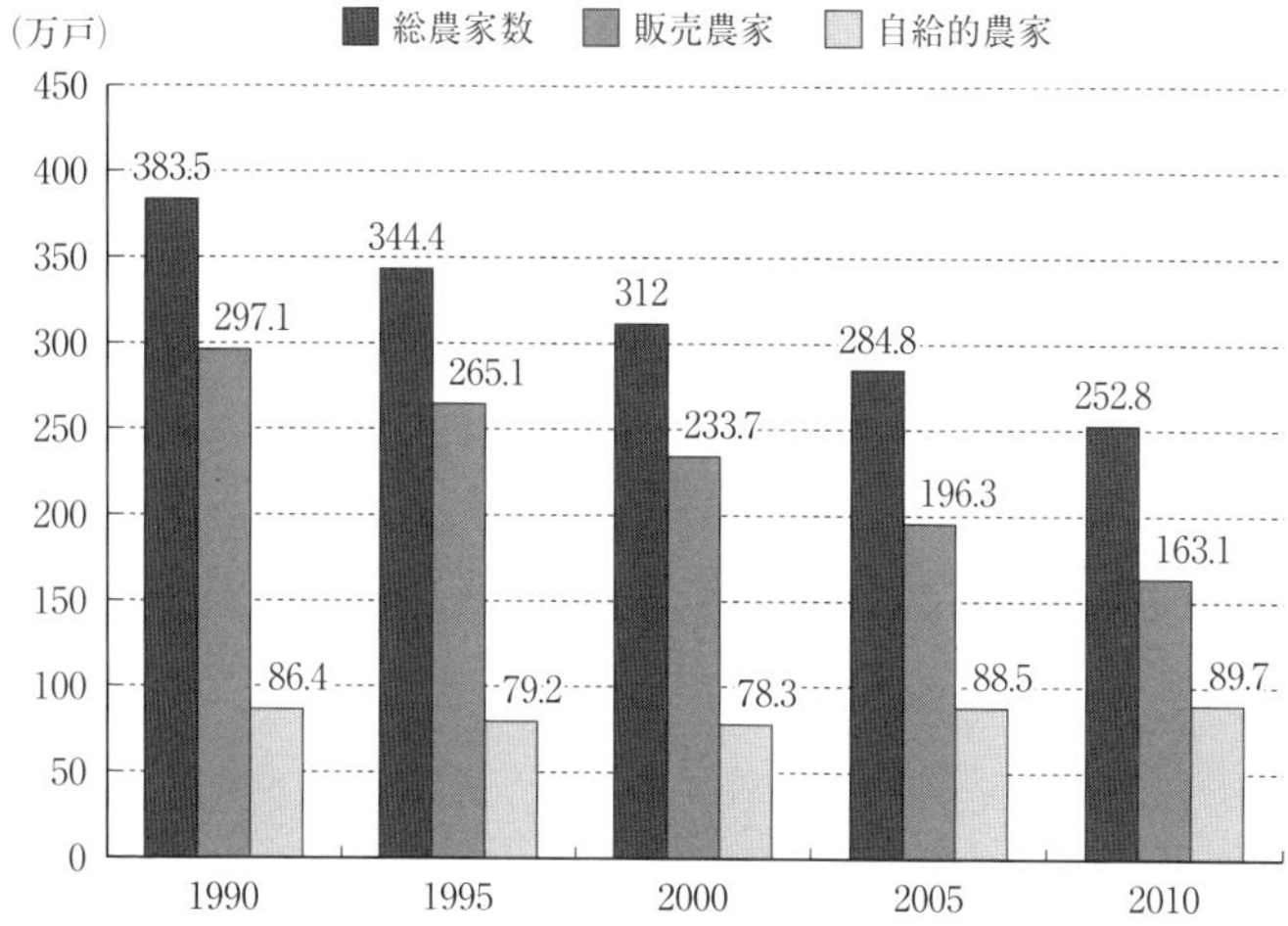

図1　農業戸数の推移
出典：農林水産省「農林業センサス」各年次より筆者作成。

べると農家数は約四割減少しており、農家数の減少に歯止めがかかっていないといえる。とくに一九八〇年以降、その減少速度が加速している。

販売農家（経営耕地面積が三〇アール以上あるいは農産物販売金額が五〇万円以上の農家）の推移をみてみると、一九九〇年から二〇一〇年にかけて大幅な減少をみせている。その値は、一九九〇年は二九七・一万戸であったが二〇一〇年には一六三・一万戸まで減少している。ここ二〇年の間に一三〇万戸近くも減少しており、その減少速度は、農家全体の減少よりも速い。

他方、自給的農家は一・四パーセン

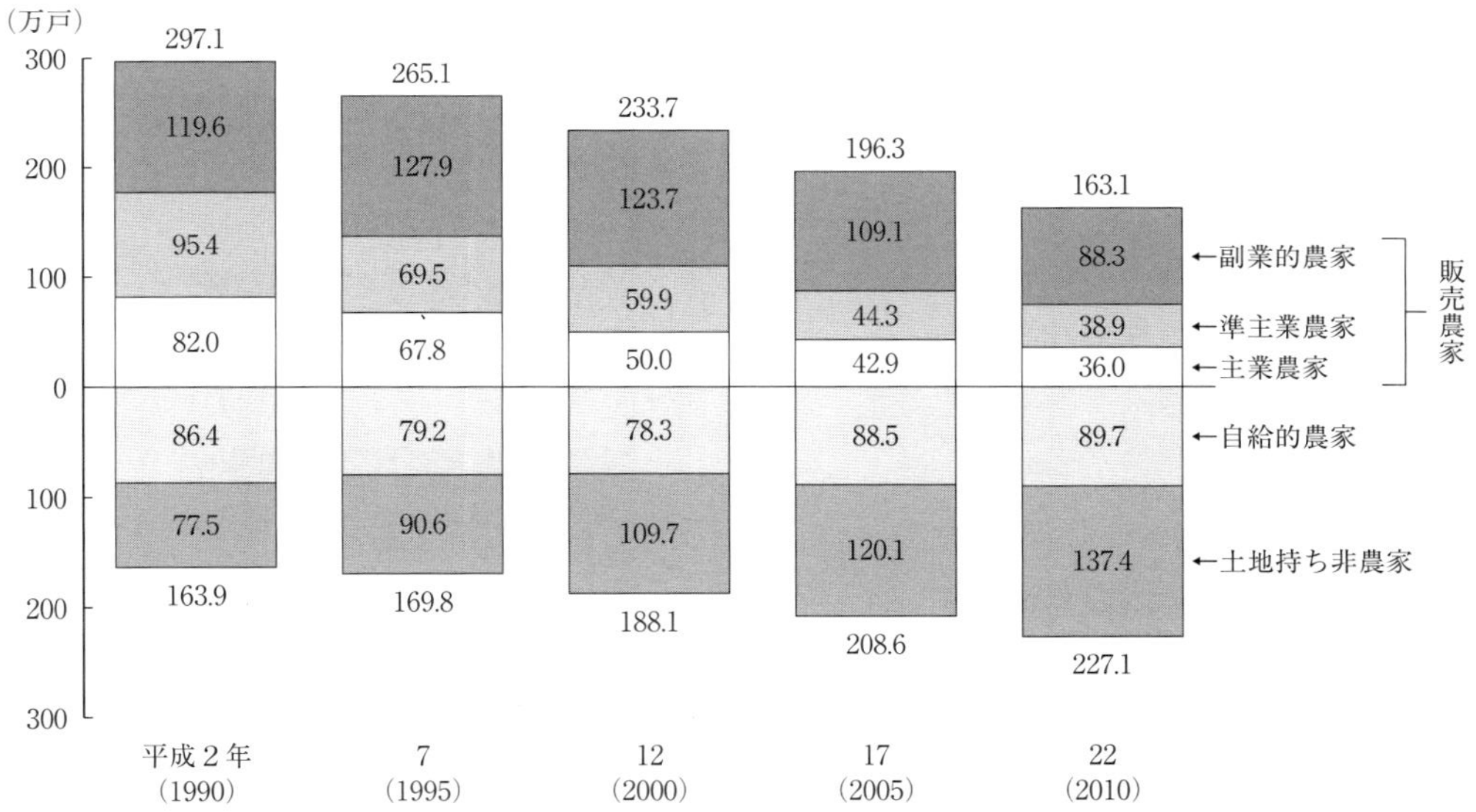

図２　主副業別販売農家数等の推移

出典：農林水産省『平成23年版　食料・農業・農村白書』207頁より引用。

トの増加をみせている。自給的農家とは、生産物の出荷をしていないもしくは、出荷をしていても少額（年間五〇万円未満）の農家のことである。図1からは、一九九〇年以降、販売農家が大きく減少し自給的農家が増加していることがみてとれる。この背景には、農産物価格の下落による販売金額の減少で、販売農家の一部が自給的農家に含まれるようになったことが挙げられる。

また図2を見てみると、販売農家の数は自給的農家（経営耕地面積が三〇アール未満かつ農産物販売金額が年間五〇万円未満の農家）および土地持ち非農家（農家以外で耕地および耕作放棄地を五アール以上所有している世帯）の合計よりも少なくなっていることがわかる。このように販売農家が減少している一方で、自給的農家や土地持ち非農家が増加している背景としては、担い手の高齢化や後継者不足に加え、鳥獣被害や農産物価格の下落、海外からの輸入増加等、経営を取り巻く環境の悪化による経営意欲の低下が考えられる。

さらに、図には示していないが専業農家（世帯員のなかに兼業従事者が一人もいない農家）の数はこの一〇年間、増加傾向を示している。この傾向は、兼業農家の世帯主が会社を定年退職し、農業に従事するようになったことが主な要因として考えられる。

表1は、一九八五年から二〇一〇年までの農家の世帯員と農業従業者数の推移を示した

表1　農家人口等に占める高齢者（65歳以上）の割合の推移

（単位：万人，％）

	1985年	1990年	1995年	2000年	2005年	2010年
農家人口	1,563.3	1,387.8	1,203.7	1,046.7	837.0	650.3
うち65歳以上	264.3	270.9	290.4	293.6	264.6	223.1
割合	16.9	19.5	24.1	28.0	31.6	34.3
農業就業人口	542.8	481.9	414.0	389.1	335.3	260.6
うち65歳以上	144.3	159.7	180.0	205.8	195.1	160.5
割合	26.6	33.1	43.5	52.9	58.2	61.6

注：（1）表1は販売農家の数値である。
（2）「農家人口」とは，農家の世帯員をいう。
（3）「農業就業人口」とは，15歳以上の農家世帯員（1990年以前は16歳以上の農家世帯員）のうち，調査期日前1年間に自営農業のみに従事した者または農業とそれ以外の仕事の両方に従事した者のうち，自営農業が主の者をいう。

出典：農林水産省『農林業センサス』各年次より筆者作成。

ものである。一九八五年には農家人口は一五六三・三万人いたが，それ以降，一〇年ごとにおよそ二〇〇万人近い農家人口が減少しており，二〇一〇年の数値は六五〇・三万人と一九八五年の半数以下となっている。また，そのなかで六五歳以上の占める割合が一六・九パーセントから三四・三パーセントへ大きく増加しており，急速なスピードで高齢化が進んでいることがわかる。

農業就業人口は，一九八五年には五四二・八万人であったが，二〇一〇年には二六〇・六万人となり，この二五年間におよそ二八〇万人減少している。なお，二〇一〇年における農業就業人口は全産業に占める就業人口のわずか五パーセント程度でし

表２　農業における新規就農者の推移

（単位：人）

	2006年	2007年	2008年	2009年	2010年
新規自営農業就農者	72,350	64,420	49,640	57,400	44,800
うち39歳以下	10,310	9,640	8,320	9,310	7,660
新規雇用就農者	6,510	7,290	8,400	7,570	8,040
うち39歳以下	3,730	4,140	5,530	5,100	4,850
新規参入者	2,180	1,750	1,960	1,850（1,680）	1,730
うち39歳以下	700	560	580	620（580）	640
新規就農者合計	81,030	73,460	60,000	66,820	54,570
うち39歳以下	14,740	14,340	14,430	15,030	13,150

注：（１）2010年の新規参入者は，東日本大震災の影響のため，岩手県，宮城県，福島県の全域および青森県の一部地域を除いて集計した数値。
（２）2009年の新規参入者の（　）内は，東日本大震災の影響のため，岩手県，宮城県，福島県の全域および青森県の一部地域を除いて集計した参考値。
出典：農林水産省『新規就農者調査』各年次より筆者作成。

かない。また農業就業人口における高齢化率をみてみると、一九八五年にはすでに二六・六パーセントと高齢社会に突入する値であったが、その後も日本社会全体の動向を先取りするかのように高齢化率は急上昇している。二〇一〇年においては、およそ三人に二人にあたる六一・六パーセントが六五歳以上となっており、他の産業では見られない就業人口の構造となっている。

戦後の日本農業における農業生産や農村社会を支えてきた昭和一ケタ世代は、二〇〇〇年以降すべて六五歳以上の高齢者層へと移った。こうした昭和一ケタ世代の離農は、たんなる人口の減少だけの問題ではなく、農業生産技術（匠の技）や農村の伝統・

文化（祭事）の継承・保全などの意味からも大きな影響を及ぼすことが考えられる。

表2は、二〇〇六年から二〇一〇年までの新規就農者数の推移を示したものである。二〇〇六年の時点では八・一万人が新規就農をしていたが、二〇一〇年には五・五万人と農業に参入してくる人口は減少している。

その一方で、農業生産法人などに雇用されて就農する人々は、増減はあるもののここ数年は毎年七〜八千人前後で推移している。この傾向は、三九歳以下の若者の就農においても同様となっている。清水（二〇一〇）は、二〇〇八年の「農業構造動態調査」の結果より、雇用就農者のうち八割が非農家であり、農業生産法人への就職は、農家出身ではないが農業に関心を持っている若者が農業に就業する道として重要であると述べている。今後の日本農業においては、こうした雇用での就農形態に新たな可能性を生みだすことが期待される。

日本農業の農業産出額の推移

次いで、図3に示す日本の農業総産出額の推移（一九五五〜二〇一二年）をみてみよう。一九五五年以降、農業総産出額は急激な増加傾向を示し、一九八四年には一一・七兆円に

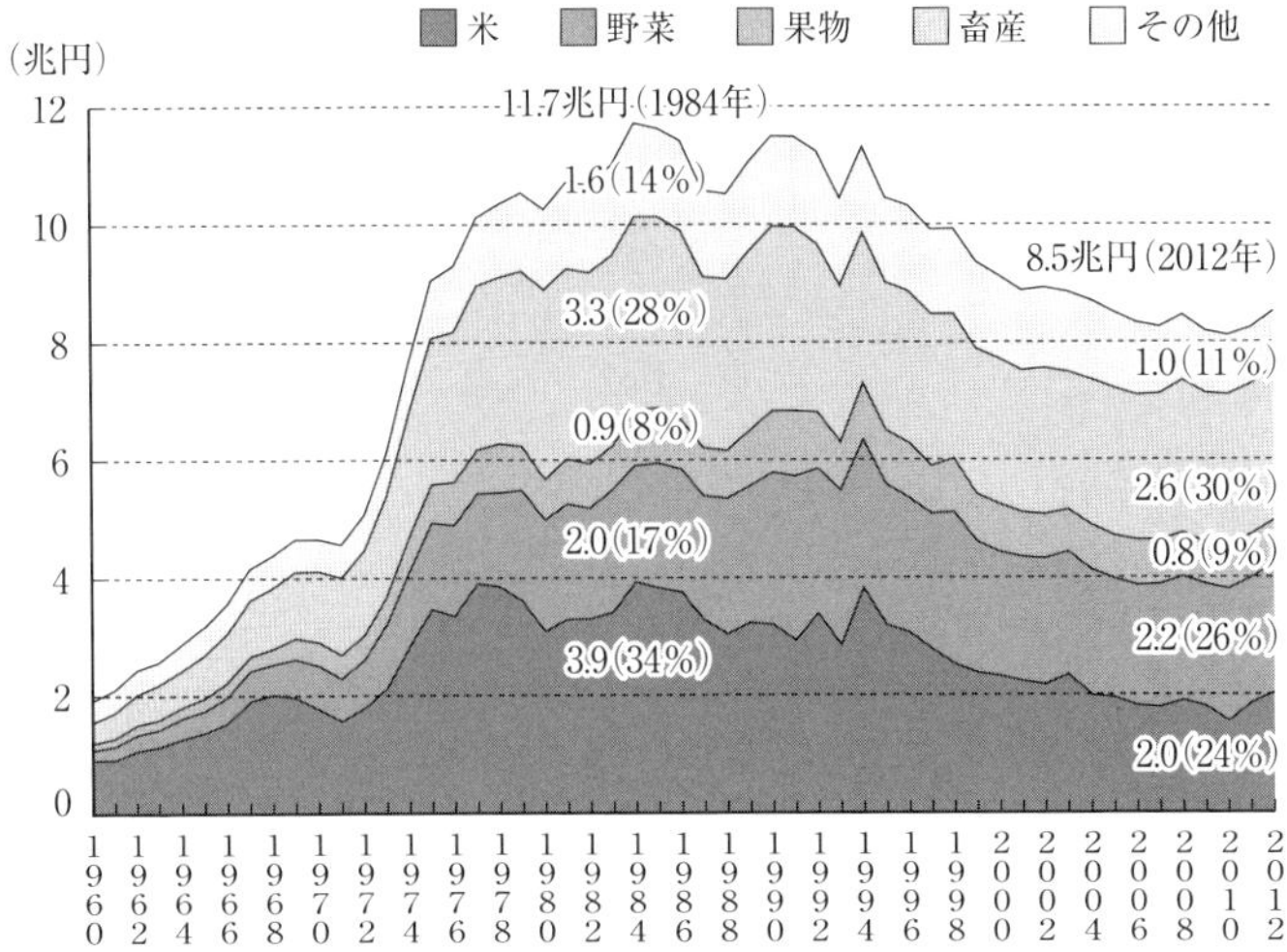

図３　農業総産出額の構成とその推移

注：図内の数値は1984年および2012年における各品目の産出額を示している。
また，括弧は，産出額に占める各品目の割合を示している。
出典：農林水産省『生産農業所得統計』各年次より筆者作成。

達した。その後一九九四年まではー〇兆円から一一兆円前後の間で増減を繰り返していたが、それ以降は急速な減少傾向を示している。二〇一二年の農業総産出額は、前年の八・二兆円に比べて三・三パーセント増加し、八・五兆円となっている。しかしこの値は、ピークであった一九八四年と比べて三・二兆円（約三〇パーセント）も減少している。品目別に推移を見てみると、増加したのは野菜のみであり、その他のコメ、果物、畜産の品目に関しては、それぞれ減少傾向にある。とくに、コメの産出額は三・九兆円から二・〇兆円へと大きく減少している。

また、二〇一二年の農業総産出額に占める各品目の割合を一九八四年と比較してみると、コメは三四パーセントから二四パーセントへと大きく減少している。その一方で、野菜は一七パーセントから二六パーセントへ、畜産は二八パーセントから三〇パーセントへと、それぞれ上昇している。

このように、農業総産出額の推移は一九八四年をピークに減少傾向にあるが、とくに減少著しいのがコメである。これについては、我々の食生活においてコメの消費量が減少したことが大きく関わっているといえるだろう。また他の品目に関しては、後述するように海外から安価な農産物の輸入が進んだことも大きな要因といえよう。

3　六次産業化をめぐる関係業界の動き

産業連関表から見た日本農業生産と農産物流通

以上、前節では、各種統計資料を用いて日本農業の現状とその動きについてみてきた。

本章の本題である六次産業化に取り組む農業経営の経営戦略について言及していく前に、

本節では、六次産業化を取り巻く現状および新たな動きについて簡単に触れておこう。

六次産業化を考えるうえで関連が深いのが食料関連産業である。図４は「平成一七年産業連関表からみた農林水産業及び関連産業について」より、最終消費からみた飲食費の流れを図示したものである。この図は、飲食費の最終消費額七三兆五八四〇億円に至る流れを、「食用農水産物（国内生産および輸入食用農水産物）から最終消費向け」、「食品製造業向け（輸入加工食品含む）」、「外食産業向け」、に区分したものである。なお、ここでは農産物のみの流れはみることができないため、国内農産物および輸入品に関しては、水産物および林産物（きのこ類など）も含まれている。

二〇〇五年においては、農産物の国内生産九・四兆円および輸入一・二兆円をあわせた一〇・六兆円が食用農水産物として取り扱われており、そこに輸入加工品五・二兆円が食材として国内に供給されている。これらの食材が最終消費者に至るまでに、流通業、食品製造業、外食産業による流通マージン、加工賃、サービス料などが付加され、飲食料の最終消費額は七三・六兆円となっている。この七三・六兆円のうち国内農産物の金額は九・四兆円であり、割合としてはわずか一割強にすぎない。

この飲食費の最終消費額の内訳は、生鮮品が一三・五兆円、加工品が三九・一兆円、そ

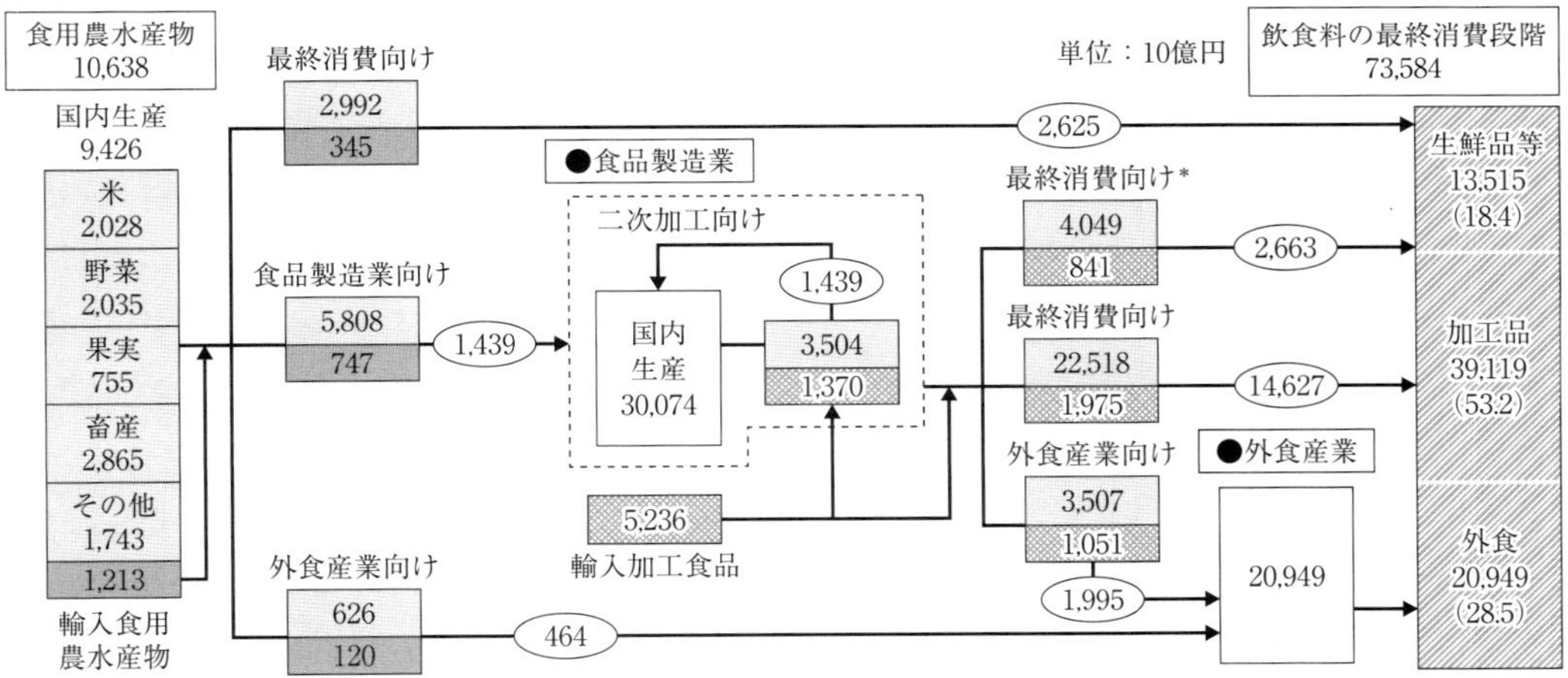

図４　最終消費から見た飲食費の流れ（2005年度）

注：（１）食用農水産物には特用林産物（きのこ類など）を含む。
（２）旅館・ホテル・病院などでの食事は「外食」に計上するのではなく使用された食材費を最終消費額としてそれぞれ「生鮮品等」および「加工品」に計上している。
（３）精穀（精米・精麦等），と畜（各種肉類）および冷凍魚介類は加工度が低いため，最終消費においては「生鮮品等」として取り扱っている。
（４）⬭内は，各々の流通段階で発生する流通経費（商業経費と運賃）である。
（５）▨は食用農水産物の輸入，▨は加工食品の輸入を表している。
出典：総務省他９府省庁『平成17年産業連関表』をもとに農林水産省で試算。

して外食が二〇・九兆円となっている。そのなかでも、楕円形で示した流通産業の額が各ルートの先々で大きな値となっていることが特徴である。生産から消費に至るまでの過程を経る間に、市場の規模は九・四兆円から七三・六兆円へと実に八倍近くに拡大している。

このような消費の流れをうけて政府は、農業生産のみならず第二次産業・第三次産業との価値連鎖、国内外における新たな市場の開拓によって、二〇〜三〇兆円の付加価値の創出を目指している。

この政策の影響もあり現在、こうした付加価値の創出に向け、経営内部門の多角化や新たな挑戦を試みる企業的農業経営者が現れてきている。たとえば、加工品の製造（第二次産業）や農家レストラン（第三次産業）などの部門を併設し、新たな展開を図っていくケースや、国内市場を飛び越えて海外での展開を試みるケースなどがみられる。このように新たな展開を試みる農業経営・経営者においては、これまでとは異なる経営戦略に基づく経営展開が必要となってこよう。そしてそこでは、多様なネットワークを構築し、経営外の多様な人々と結びついていくことが重要といえる。その点に関しては、次節以降で詳細に見ていくこととしよう。

六次産業化を取り巻く中食・外食産業の動き

我々にとって日常生活のなかでなじみの深い中食(1)・外食(2)産業は、六次産業化事業とも大きく関係している。ここでは、中食・外食産業の動向について言及していこう。

従来、日本では一汁三菜という主食（ご飯）と主菜、副菜、漬物、味噌汁を組み合わせた食事が伝統的にとられてきた。しかし高度経済成長期以降、主食はパンに、主菜も魚主体から油脂を使った肉類の料理に、副菜は西洋野菜（サラダなどの生野菜）を使った献立へと変化していった。いわゆる「食の洋風化」である。そうした食事が我々の身の回りに溢れるようになり、日本人の食生活・食文化は、急速に変化し、かつ多様化していった。

食事形態に関しても、以前は魚介類や肉、野菜などの食材を小売店やスーパーなどで買ってきたものを家庭内で調理するのが一般的であった。また、ちゃぶ台がダイニングテーブルになったという変化はあっても、多くの家庭で家族全員が食卓を囲み食事をするのが普通であった。ところが、高度経済成長期以降では、ファミリーレストランやファストフードなどの外食産業、スーパーや百貨店の地下食料品売り場（デパ地下）での惣菜、コンビニでのおにぎりや弁当などを取り扱う中食産業が成長を遂げたことにより、我々の食生活や食事の形態は大きく変化した。

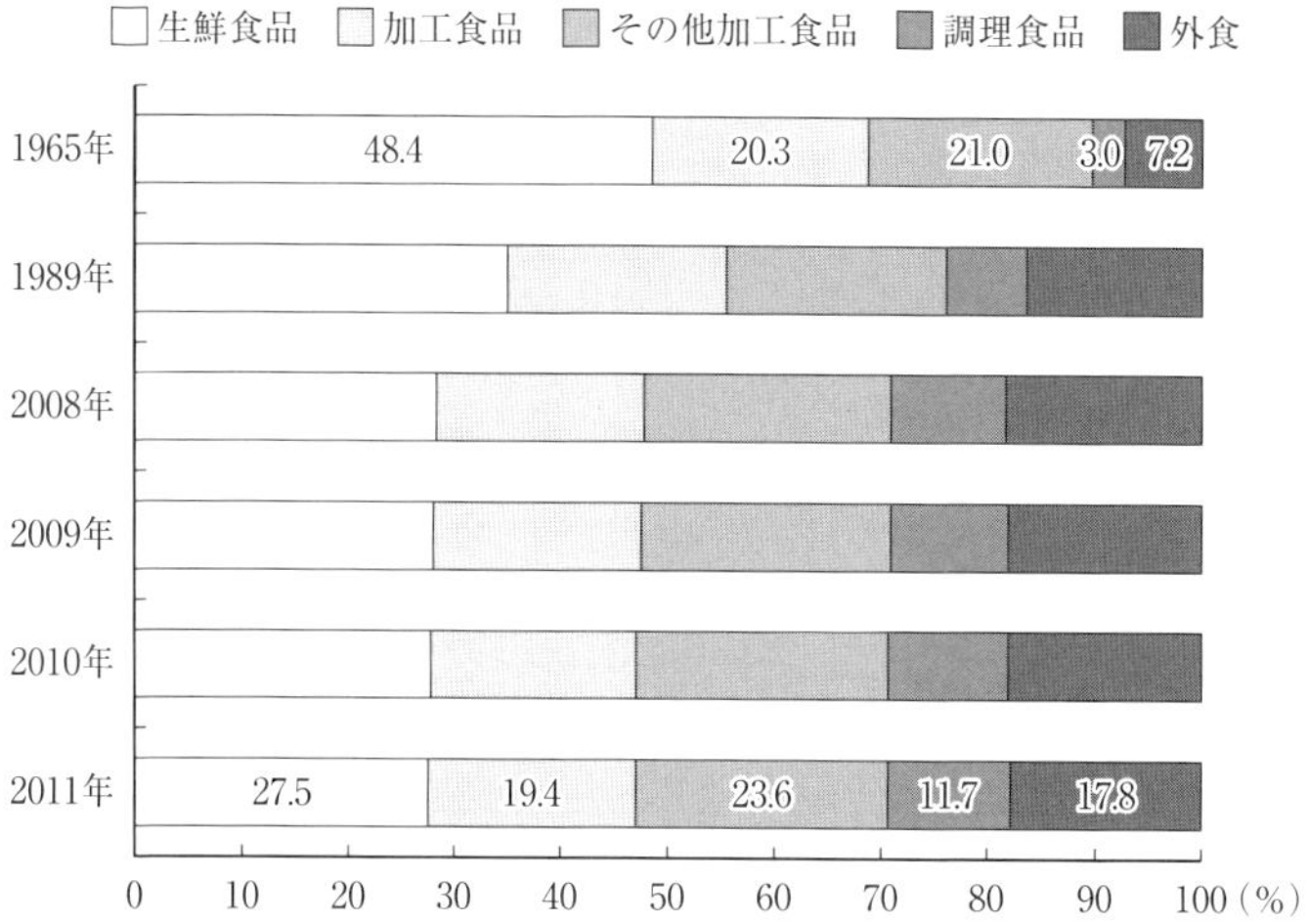

図5　食料消費の用途別支出割合の推移

出典：総務省『家計調査』各年次より筆者作成。

　そこで、国民の食料消費がどのような変化をたどってきたのかについて少し触れてみよう。総務省の「家計調査」（図5）によると、食料消費に占める生鮮食品の割合は、一九六五年は四八・四パーセントであったのが、二〇一一年には二七・五パーセントにまで低下している。その一方で、調理食品の割合は三・〇パーセントから一一・七パーセントへ、外食の割合は七・二パーセントから一七・八パーセントへと、それぞれ大幅に増加している。

　このように、国民の生活スタイルの変化にともない、加工食品や中食・外食の割合が高まるいわゆる「食の外部

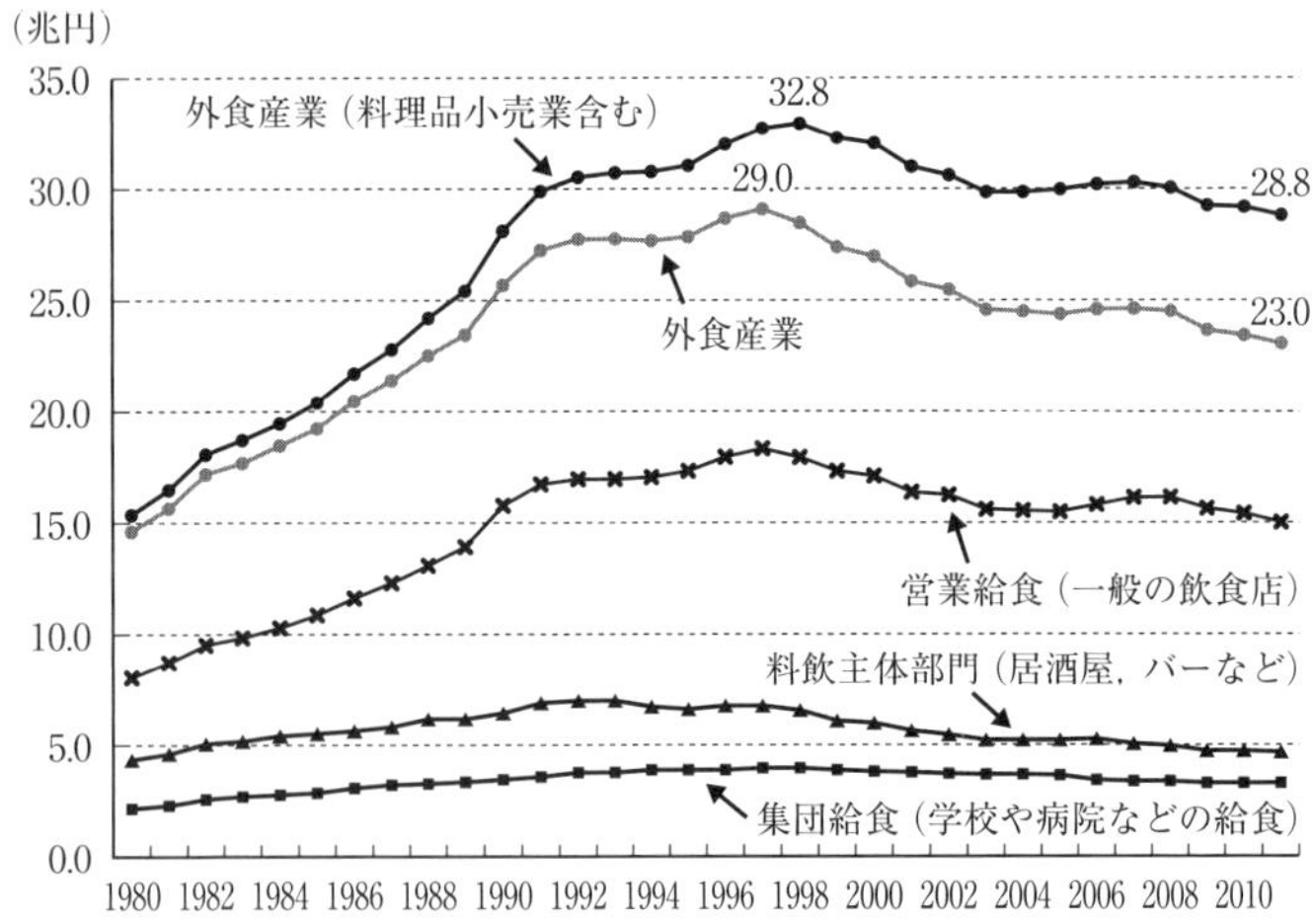

図６　外食産業市場規模の推移

注：数値は，外食産業総合調査研究センターの推計による。

出典：財団法人食の安全・安心財団のホームページhttp://anan-zaidan.or.jp/data/（2015年３月26日閲覧）より筆者作成。

化」が進み、国民の食料消費の形態は大きく変化した。「食の外部化」がもたらされた背景には、①女性の社会進出、②単身世帯の増加、③食料品の購入場所・購入形態の変化、④食品製造業の進展、などが挙げられる。

次いで、高度経済成長による所得の向上と大衆消費社会における消費需要を背景に、飛躍的な成長を遂げた中食・外食産業の動きについてみておこう。

図６のように外食産業総合調査研究センターの調査によれば、中食を含む広義の外食産業の市場規模は、

一九八五年には二〇兆円、一九九二年には三〇兆円を超え、市場規模は右肩上がりで成長を遂げてきた。そして一九九八年にはピークの三二・八兆円に達した。しかし、その後は長引く不況などの影響により市場規模は減少に転じ、二〇一一年には二八・七兆円となっている。

新たな需要としての加工・業務用野菜

こうした国民の食生活の変化による中食・外食への依存の高まりは、我が国の農業生産構造自体にも大きな影響を及ぼしている。これまでは、生産者は農産物を系統出荷団体に青果物として出荷するのが主流であった。しかし近年では、中食・外食産業の成長にともない、加工・業務用農産物の需要が増大し、食品製造業や外食産業向けに出荷・販売するという販路が新たに拡大している。

図７は、野菜における加工・業務用需要の割合の変化を示したものである。一九六五年では家計消費用の方が高い割合を示していた。しかしその後、加工・業務用の需要は大きく増加し、一九九〇年には加工・業務用と家計消費用の割合が逆転することとなった。その後も加工・業務用の割合は増加しており、二〇〇〇年に五四パーセント、二〇〇五年は

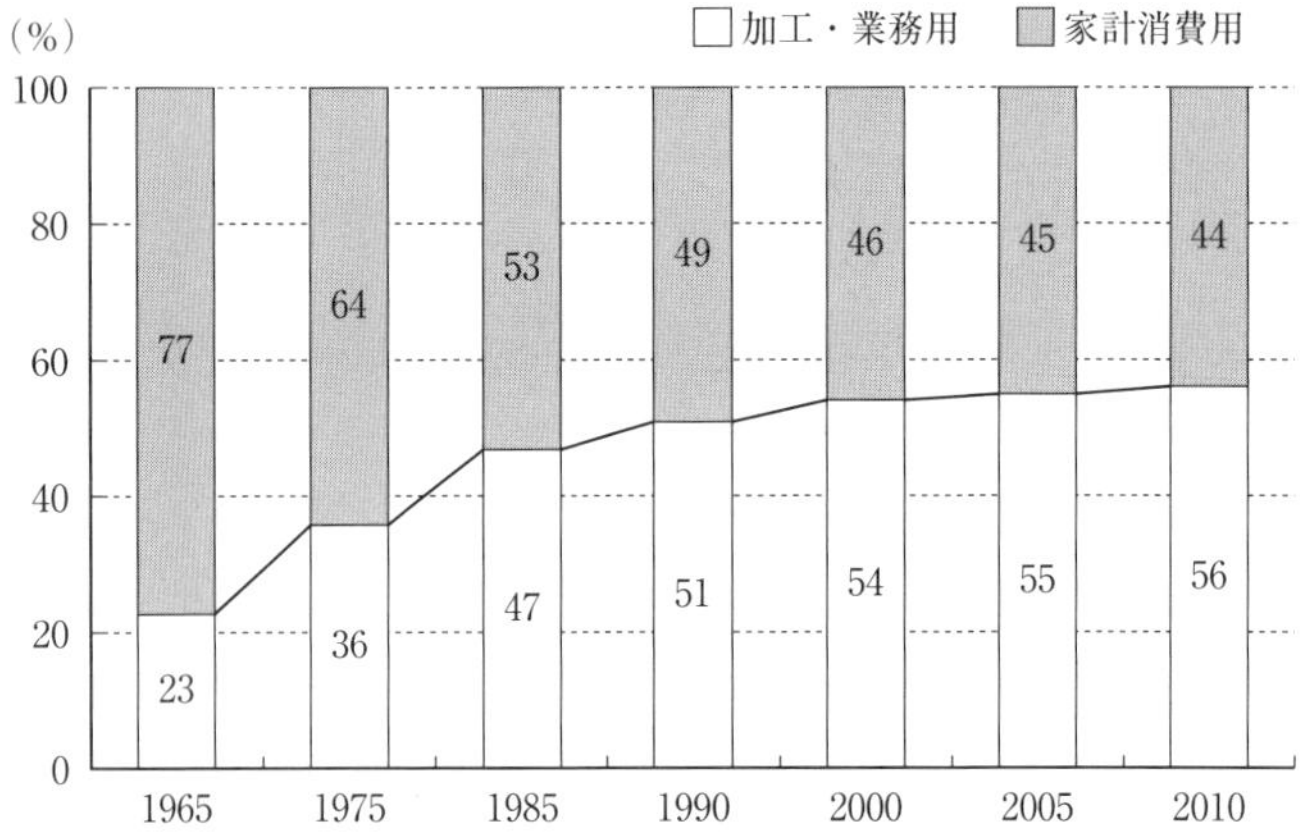

図7　野菜の加工・業務用需要の割合の推移

注：1965～1985年については，農林水産省『食料需給表』『青果物卸売市場調査報告』，総務省『家計調査』に基づき，農林水産省生産局生産流通振興課推計。
出典：農林水産政策研究所『農林水産政策研究所レビュー No.48』，2012年。

五五パーセント、二〇一〇年には五六パーセントと、加工・業務用需要が野菜需要の半数以上を占めている。

この結果は、消費者がスーパーなどで生鮮野菜を購入し、家庭で調理して消費する家計消費需要の割合が減少していることを意味している。また、カット野菜業者などが加工原料として、もしくは中食・外食業者がパック入りのサラダや惣菜などの業務用食材として、生鮮野菜を利用しており、それを消費者が消費するという割合が増加していることを表している。こうした野菜の加工原料、業務用需要への依存度は着実に増えてきており、今後もこの傾向は続いていくことが予想される。

このような加工・業務用需要の増加には、さまざまな要因が関与している。先に述べたように社会構造の変化はその最たるものであるといえる。こうした社会構造・消費者ニーズ、さらには産業構造などの変化は、新たな市場の開拓、経営の新展開など、新たな可能性を秘めたものとなっている。このような社会構造の変化のもとで、新たな付加価値を生む六次産業化への期待が高まってきている。

野菜生産を取り巻く動き

近年では、右記のような中食・外食産業の台頭にともない、野菜生産者と加工業者との間に新たな関係がみられるようになってきた。元来、加工業者の多くは、青果卸・仲卸業との兼業を行っており、卸・仲卸業と外食産業との取引では、外食業者への青果物の供給が主流であった。しかし、現在では、卸・仲卸業が青果物の一次加工などの下処理作業を行い、中食・外食業者に販売するといった新たな取引形態へと変化している。その背景には、消費者や中食・外食業者のニーズの増大のみならず、流通体系にかかる技術革新などが挙げられる。

野菜を扱う加工業者が取り扱う製品の中で、とくに我々の食生活に欠かすことのできないものとなってきているのが、カット野菜である。カット野菜を製造しているカット野菜業者は、中食・外食業者が必要とする商品を製造するラインを構築することで、単品カットによる野菜販売という新たな形態を作り出した。現在、こうした加工業者が取り扱う製品は多岐にわたっている。単品の野菜製品としては、カット野菜（たとえば、カットねぎやきのこ類）、漬物、冷凍食品（たとえば、餃子に利用されるキャベツ）、冷凍野菜（たとえば、ホウレンソウやグリーンピース）などがある。また、複数の野菜を含む製品としては、キット商品やカップ野菜（複数の野菜が入ったミックスサラダ）などがある。キット商品とは、あらかじめメニューにあわせた野菜や肉、調味料などの調理材料が一式袋詰めされたものである。我々がスーパーなどでみかけるものとしては、焼きそば、八宝菜、鍋（ちゃんこ鍋や海鮮鍋）などのキットがある。さらにカット野菜業者や中食・外食業者が近年参入している市場としては、病院食、宅配用弁当などがある。

カット野菜事業者においては、カット野菜の加工施設を通年稼働させることが事業継続にとって必要不可欠である。そのため、年間を通して原料野菜の調達・確保を行うことが最大の課題となる。とくに、端境期や不作時などのリスク対応はきわめて重要となる。その場合、産地ブローカーなど、多様な仲介主体へ依存する度合いが強まることから、広範な人的ネットワークを日頃から形成・確保しておくことが必須となる。

今後、加工・業務用需要への対応を円滑に進めていくためには、これまでの取り組みに加え、農産物の原料生産・原料調達、それらを取り巻く流通体系など、供給力の強化と国内需要の拡大に向けた戦略的な取り組みが重要となってくるであろう。

加工・業務用需要に対する野菜生産農家の対応

こうした加工・業務用需要に対する野菜生産農家の対応としては、農業生産者が中食・外食業者やカット野菜業者との契約を通じて直接取引・販売を行うケースの他に、生産者自らがカット野菜事業に進出するケースも近年では増加している。

農業生産者がカット野菜業者や中食・外食業者と契約栽培を行うメリットとしては、第一に、重量ベースでの取引となるため、見た目や大きさなどの品質や規格にとらわれないで栽培を行うことが可能となること、第二に、農業生産の現場において二割から三割程度は必ず発生する裾もの（形が悪い等の理由で商品とならないもの）の有効利用・換金化が可能となること、第三に、価格は通常、一年や半年単位での契約で固定されているため、市場価格の変動の影響を受け難いこと、などが挙げられる。

その一方で、契約栽培では欠品が許されないため、農業生産者は通常、契約量の一・五倍程度の栽培を行うことで欠品に対するリスク対応を図っている場合が多い。万が一、生産者側で欠品が生じた場合は、違約金を支払う他に、生産者自身が不足分を市場などから集めてこなければならないケースもある。

4　六次産業化とその期待

六次産業化を巡る動き

六次産業化は、二〇一一年三月に「地域資源を活用した農林漁業者などによる新事業の創出等及び地域の農林水産物の利用促進に関する法律」によって施行された。先に言及したように成長戦略の柱の一つとして、農業の六次産業化が挙げられる。この六次産業化には大きな期待が寄せられており、現在一兆円規模である六次産業化の市場規模を二〇二〇年には一〇兆円規模とすることが目標として掲げられている。

六次産業化の目的は、これまで農業では大半がその生産の部分しか担ってこなかったが、加工や販売・サービスなどの第二次、第三次産業も含めて、経営の多角化を図り、加工や流通にかかるマージンなど、これまで第二次・第三次産業の事業者が得ていた付加価値を、農業者自身が得ることで、農業・農村を活性化させようというものである。また、農業経営者にとって六次産業化の認定を受けることは、農業改良資金の優遇措置、農地転用手続きの簡素化、リレー出荷支援などの支援措置を受けることなど、さまざまなメリットがある。

さて、六次産業化の言葉はいつごろ認識されたのであろうか。六次産業化という言葉は、東京大学名誉教授の今村奈良臣氏が一九九〇年代半ばに提唱した造語である。当初は、一次産業＋二次産業＋三次産業といった「足し算」の概念であったが、近年では一次産業が衰退してゼロとなっては六次産業が成り立たないこと、また寄せ集めではなく、有機的・総合的結合による相乗効果が重要であることを強調するために一次産業×二次産業×三次産業といった「掛け算」の概念が再提唱されている。

なお、六次産業化とよく似た概念として「農商工連携」（実施は二〇〇八年七月。正式名称は「中小企業者と農林漁業者との連携による事業活動の促進に関する法律（通称：農商工等連携促進法）」）があり、付加価値を創出し高度化を目指すという意味では、六次産業化と同様である。一方、その対象とする範囲においては、六次産業化の方が農業者の経営改善に重点を置いており、関連主体・関連業種の範囲がより広範であるという特徴がある。

実は、こうした六次産業化に関する事業は、我が国では法律の施行前からも広範に取り組まれてきていた。たとえば、ワインや日本酒におけるブドウや酒米の栽培から醸造、およびその販売やそれらに纏わる文化活動などは、伝統的な意味で六次産業化事業の代表格といえる。さらに、茶葉生産と製茶加工、梅生産と梅干し加工、馬鈴薯や甜菜生産を中心とした北海道型大規模畑作と澱粉加工、砂糖加工などは、六次産業化事業や農商工連携事業とも関連しているといえよう。こうした人類の歴史のなかで生み出されてきた六次産業化は、農業という生産・栽培活動のみならず、個々人や地域が持つ多様性と伝統とを駆使してそれぞれの地域において取り組まれてきた人類の知恵の結晶といえよう。

六次産業化の現状

六次産業化の認定は、二〇一四年三月三一日時点で一八八一件の事業が認定を受けている。六次産業化事業の認定内容の割合を示したのが表3である。その特徴をみてみると、認定内容の多くが、加工事業を展開していること、また加工事業のみならず直売やレストランなど、いくつかの事業を組み合わせ複合的に展開しているケースが多いことがわかる。また、取り扱っている商品としては、農業生産者自身の農産物を加工したドレッシング、ジュース、ジャム、パウダーなどの製品が多い。それらの販売場所としては、自社の販売所、直売所、観光施設などとなっている。その一方で、「攻めの農業」として政府が力を入れている輸出に関しては、輸出のみの割合が〇・四パーセント、加工・直売・輸出の割合が一・五パーセントとともに低い値となっている。輸出の取り組み自体、生産現場サイドとしても試行錯誤の段階であるといえる。現在は、生産者グループや商社などの企業と一緒に海外視察を行う動きが加速している。そのため、輸出に関しては、まだ始まったばかりであるため、中長期的な視点でみていく必要があると思われる。

図８は、六次産業化事業の認定対象農林水産物の割合を示したものである。もっとも多いのは野菜であり三二・〇パーセントを占めている。以下、果樹

表３　六次産業化事業の認定内容の割合（％）

加工	21.1
直売	2.8
輸出	0.4
レストラン	0.1
加工・直売	68.1
加工・直売・レストラン	6.0
加工・直売・輸出	1.5

出典：農林水産省『６次産業化・地産地消法に基づく認定の概要』，2015年。

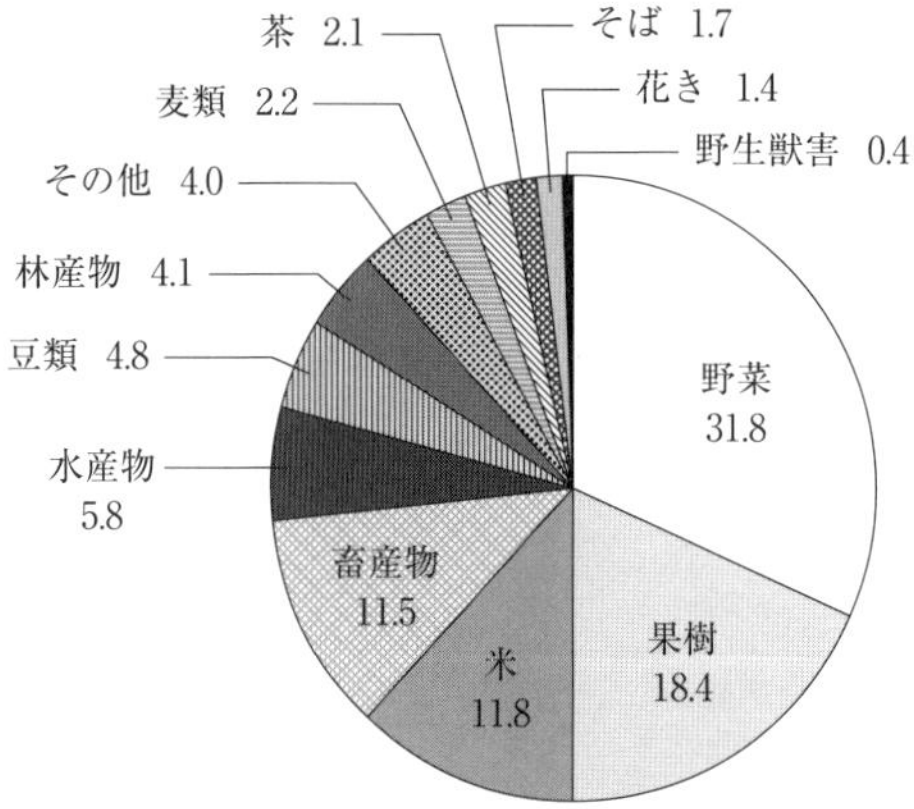

図８　六次産業化事業の認定対象農林水産物の割合

注：複数の農林水産物を対象としている総合化事業計画についてはすべてをカウントした。野生獣害とは，捕獲された獣や鳥肉の販売によるものである。
出典：農林水産省『６次産業化・地産地消法に基づく認定の概要』，2015年。

（一八・八パーセント）、コメ（一一・七パーセント）、畜産物（一一・四パーセント）の順で高い割合となっている。先の表3と照らし合わせてみると、野菜や果樹に関しては、カットしたものや、ジュース、ジャムなどの商品を直売所で販売することやレストランで提供していることが考えられる。また、コメに関しては、レストランで提供する他に、餅や煎餅などの商品として販売しているケースがみられる。畜産物に関しては、家畜を飼養している牧場などで、ジェラートやハム、ウインナーなどの加工品の販売、レストランでの提供、バーベキュー施設の運営などのケースがみられる。

六次産業化事業への期待

　これまで述べてきたように、近年、農業を取り巻く環境は大きく変化しており、かつ多様化してきている。個々の農業経営体における農業生産の技術革新のみならず、輸送技術、貯蔵技術、流通網の整備、情報アクセスの簡易化など、農業経営体を取り巻く社会構造は大きく変化している。もちろん、そうした環境変化の影響を受け、我々消費者の購買行動や食生活も変化するとともに多様化している。

　また、農業経営体における自身の経営戦略についても大きな転換期を迎えており、急速に変化する社会に対応していくことが求められている。つまり、多くの経営において時代のニーズに呼応するような経営戦略を打ち立てて行くことが必要となってきている。そうした経営戦略の方向の一つとして、六次産業化事業への展開が考えられる。六次産業化事業は、政府もさまざまな支援策を講じており、注目度は非常に高い。

　六次産業化事業に関しては、農業経営体のみならず農業経営体を取り巻く環境に対して、以下のような期待が込められている。

　第一に、農業生産の特質から必ず発生していた規格外品や裾ものなどを農産物加工などを通じて商品化し、農業生産者の所得を増加させるという期待である。以前は市場で取引されてこなかった青果物も含めて、新たな付加価値を創造することが期待されている。

第二に、農業生産・加工・サービスなどを通じて農業経営体が行う事業活動を周年化・通年化させることで、農業生産者の所得を増加させるという期待である。地域における農業生産においては、季節性がともなっている（いわゆる「旬」）。ネギやハウスでの周年栽培を除き農作物の生産だけでは、一年を通じての作業はない。季節労働的なアルバイト・パートを雇うのではなく、正規雇用として雇う場合には、一年を通じた仕事・作業の確保が必要不可欠である。六次産業化を展開することにより、加工施設やレストランなどを併設し、年間を通した作業を提供することが可能となる。そのため六次産業化を展開している経営においては、地域における正規雇用の受け皿としての役割を担うことが期待されている。

第三に、六次産業化事業を通じて新たな市場価値を創造することへの期待である。地域で生産された農産物のブランド化を図ることや、新たな産地を作り出すことで地域農産物の価格水準の向上を図ることが期待されている。また、地域の農産物を利用した直売所やレストランを設立することで、地域外から人々を呼び込むことによる経済効果も期待されている。

さらには、農産物・加工品などを海外へ輸出していくことへの期待もある。この点については、六次産業化事業のなかで取り組んでいる経営は少ないが、国策としての輸出戦略を掲げていることから、今後、その割合は高まっていくことが期待されている。

そして、六次産業化事業では、このようなことを期待しつつ農業経営体の経営発展を通じて、地域農業の維持・発展、特に農地を中心とした地域の農業生産諸資源(3)の維持を図ること、次世代にそうした農業生産諸資源を引き継いでいくということも大きな役割として期待されている。

5　新たな主体としての「農企業」

「農企業」とは

六次産業化事業の認定を受けた農業経営体の多くは、「農企業」と総称される農業経営体である。この「農企業」は、伝統的な意味での家族経営を主体とした農業経営体から集落営農に代表される組織農業経営体、さらには先進的と目される企業的農業経営体など、さまざまな経営形態を持つ多様な農業経営体の総称概念である(4)。また、そのなかにはその展開が現在進行形とみなされる動態過程あるいは変遷過程にあるさまざまな農業経営体も含まれる。

この「農企業」には、先に述べた六次産業化を主導することによる地域農産物のブランド化や付加価値の増大への期待のみならず、地域農業の維持・発展においても大いなる期待が込められている。

その期待を整理してみると以下のようなものが挙げられる。第一に、地域の先進的・先駆的農業を担うリーディングファームとしての期待である。第二に、研修生やインターンシップ生などの受け入れも含め、次世代の我が国の農業を担う人材育成への期待である。第三に、地域農業への先進的技術の普及や社会的貢献活動への期待である。第四に、地域雇用を創出し、雇用の受け皿としての期待である。第五に、それらを通じての地域経済活性化の可能性への期待である。第六に、農地を含む農業生産諸資源を維持・保全する地域の主体としての期待である。とくに、第六の期待に関しては、他産業とは決定的に異なる農業という産業に課せられた重要な役割であるといえよう。

「農企業」の多様な展開

近年「農企業」が注目されていることは先に述べたが、はじめから「農企業」の形態であった経営は多くない。その大半は、さまざまな経営形態（出自）からの展開が図られ、今日の「農企業」の形態に至っている。つまり「農企業」に至る前段階の経営形態においては、ある一定の過程があるのではなく、さまざまなルートからの展開がみられ、多様性に富んでいるといえる。それらを整理すると、以下のような展開がみられる。

第一は、伝統的な意味での家族農業経営からの展開である。このケースにおいては、従来型の家族農業経営体の維持・発展を目指す展開と従来型からの脱却・離脱を図る展開とが考えられる。後者は、さらに地域および産地の維持・発展を重視した展開、もしくはこれまでの経営を一新することを目指した展開が図られている。具体的には地域・産地視点としては、集落営農組織や任意生産組織などの組織経営体への再編やそこから展開した法人経営体が挙げられる。他方、個別経営の視点としては、従来型の家族経営体から発展した法人経営体が挙げられる。

第二に、有機・無農薬・減農薬栽培などの栽培方法に特化した農業関連主体が中心となり創設された農業経営体(5)やその主体の翼下に組織された農業経営体(6)が挙げられる。たとえば、地域において求心力のある農家を中心に組織化された農産物集出荷販売事業体がこの代表例である。ただし、後者に関しては、新たな農産物集出荷販売事業体との生産契約に基づく生産ネットワークを結んでいる経営もある。一例を挙げると、従来型の家族農業経営体が農産物集出荷販売事業体を組織するなかで、生産者グループに属し、農業生産を行うケースが考えられる。また、こうした生産者グループでは、生産契約による生産が中心となり、グループに属しているのは、その多くが家族農業経営体となっている。さらには、地方自治体や農協などが中心となって事業化した入植モデルにのっとって設立した農業経営体も存在する。これも、先と同様に家族農業経営体としての創設がその多くを占めている。

その他には、食・農関連企業や農外企業、生活協同組合などが中核となって創出した農業経営体である。この農業経営体は、たとえば、ワイン産業に典型的にみられる親会社が必要とする加工原料の生産・試験栽培[7]、親会社の農業に対する理念的挑戦[8]、親会社のリサイクル・ループの活用[9]、親会社のCSR活動の一環[10]など、多様な目的をもって設立されるケースが考えられる。

六次産業化事業を担う「農企業」の展開パターンと経営戦略

六次産業化事業は、従来型の家族農業経営体や組織経営体の枠を超え、それが今後大きく変化する可能性がある。そして、六次産業化事業は、多様な経営体によって担われているのはこれまでに述べたとおりである。以下では、六次産業化事業を展開している「農企業」を対象に、六次産業化事業の理念的類型化（以下、事業類型とする）の整理を試みる。また、これから述べる理念的事業展開パターン（以下、事業展開パターンとする）を試論的に提示したのが図９である。

伝統的な家族農業経営体を出自とする事業展開パターン

第一の事業展開パターンは、個別農業経営体からの展開を基軸とした事業類型である。このパターンは、伝統的な意味での家族農業経営体からの展開でありながらも従来型からの脱却・離脱を図る経営体であることが考えられる(11)。さらにこのパターンは三つの事業類型に分類することができる。それらは、①加工事業委託型、②生産者グループ連結型、③三次産業傾斜型、である。以下では、それぞれ類型についてみていくこととしよう。

まず、①加工事業委託型は、加工品の製造を外部に委託(12)（ＯＥＭ）し、商品販売を行う

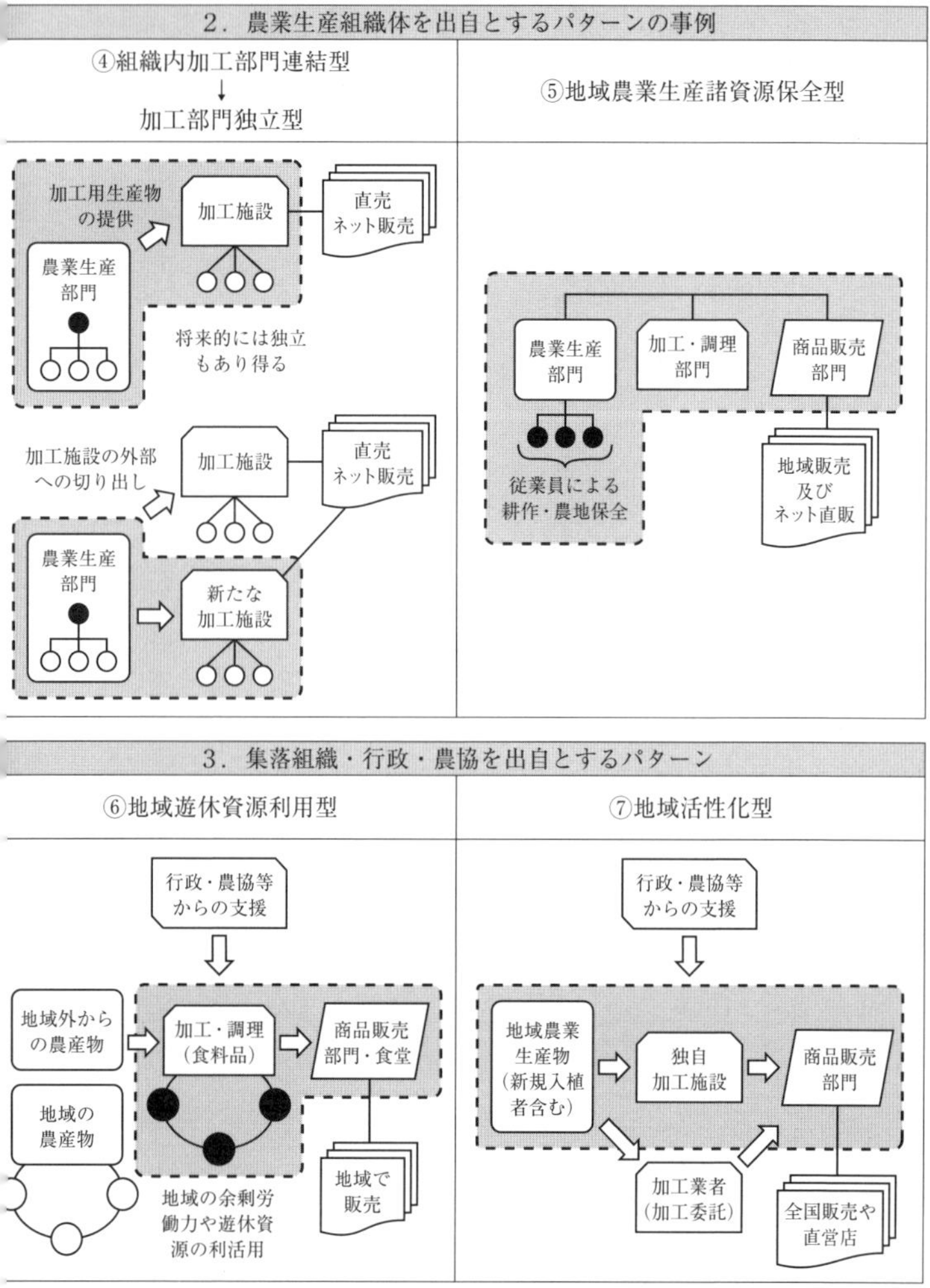

2．農業生産組織体を出自とするパターンの事例
④組織内加工部門連結型
↓
加工部門独立型
⑤地域農業生産諸資源保全型
加工用生産物の提供
加工施設
直売
ネット販売
農業生産部門
将来的には独立もあり得る
加工施設の外部への切り出し
加工施設
直売
ネット販売
農業生産部門
新たな加工施設
農業生産部門
加工・調理部門
商品販売部門
従業員による耕作・農地保全
地域販売及びネット直販
3．集落組織・行政・農協を出自とするパターン
⑥地域遊休資源利用型
⑦地域活性化型
行政・農協等からの支援
地域外からの農産物
加工・調理（食料品）
商品販売部門・食堂
地域の農産物
地域の余剰労働力や遊休資源の利活用
地域で販売
行政・農協等からの支援
地域農業生産物（新規入植者含む）
独自加工施設
商品販売部門
加工業者（加工委託）
全国販売や直営店

業の展開パターン

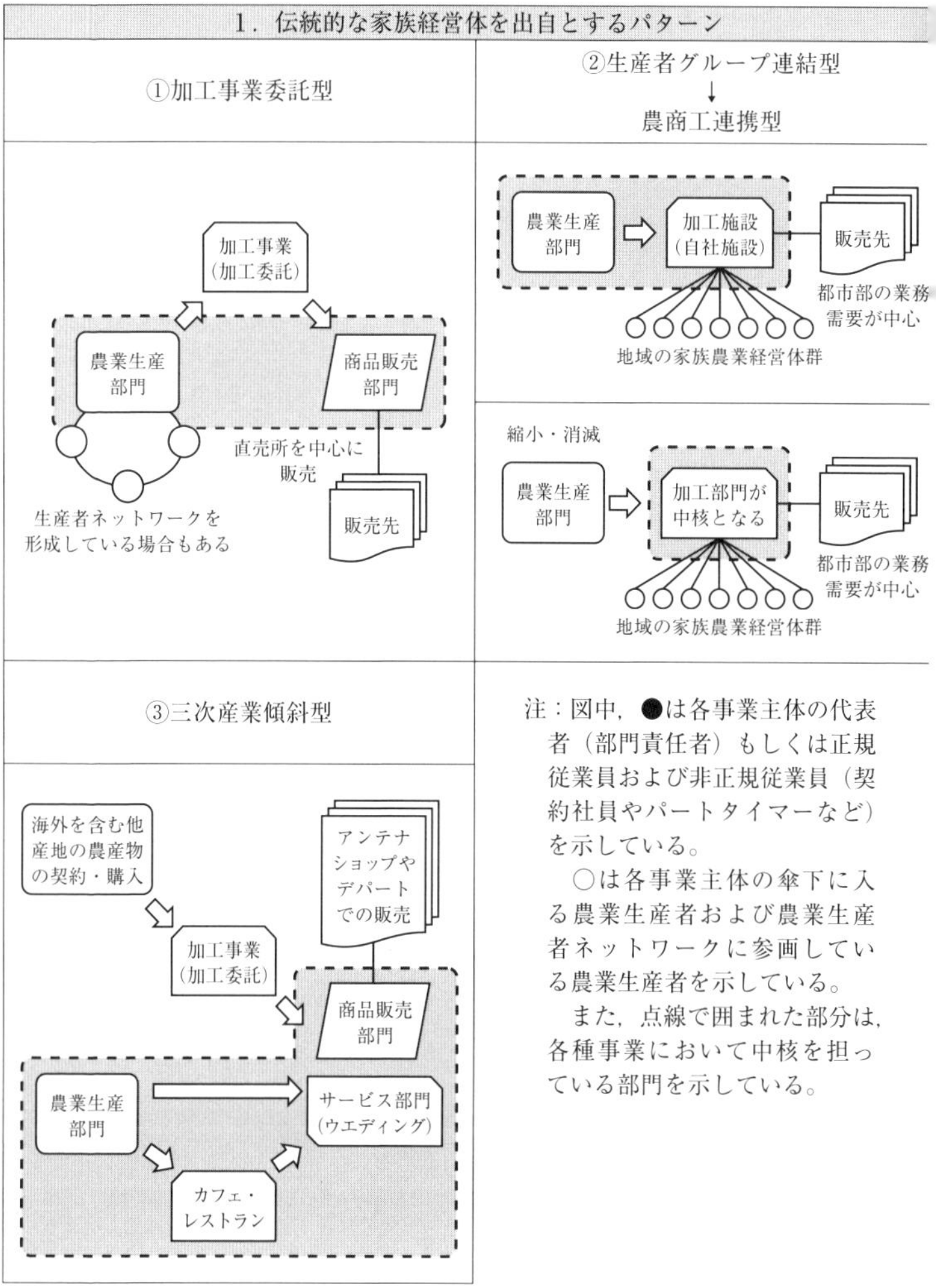

注：図中，●は各事業主体の代表者（部門責任者）もしくは正規従業員および非正規従業員（契約社員やパートタイマーなど）を示している。
　○は各事業主体の傘下に入る農業生産者および農業生産者ネットワークに参画している農業生産者を示している。
　また，点線で囲まれた部分は，各種事業において中核を担っている部門を示している。

図９　六次産業

事業類型である。経営の中心は農業生産部門であり、加工事業は外部に委託し、製造された加工品の販売を直売所やインターネットなどで行っている。加工品の製造に関しては、農業生産者自身の経営内で生産した農産物のみを利用する場合もあれば、地域の農業生産者とネットワークを形成することで原料農産物を調達し、利用する場合もある。なお、これらの事業では、大規模に加工事業を展開することは一般的には少ない。この理由としては、事業展開の初期段階において広告宣伝費などに多大なお金をかけることが難しいことが挙げられる。そのため、購買者のリピーターを確保することや口コミによる宣伝を利用したニッチ市場において顧客を確保していくことが重要であるといえる。そして、そうした活動を通してマーケットシェアを確保し、拡大していくことが経営戦略上、重要となってくる。将来的には、自前の加工施設を併設し、農産物の生産から加工、商品販売までの事業展開を図っていく方向や喫茶店やレストランなどの施設を併設し、サービス事業にシフトした事業展開を図っていく方向などが展望できる。

次いで、②生産者グループ連結型は、主に単品目生産における農業生産部門を経営体の基軸としながらも加工施設（たとえば、カット野菜加工施設）を併設し、加工事業への展開を図る事業類型である。この種の事業では、加工施設を通年稼働させるための原料農産物の調達・確保が重要な課題となる。そのため、地域の生産者と連携を図ることで原料農産物の調達・確保に努めることが必要となる。自前の加工施設で加工した製品（たとえば、カット野菜）は、先に述べたように都市部を中心に業務用製品として中食・外食業者へ販売することが想定される。その他に、商品ラインナップの充実を図るために、製造委託による商品開発・販売を行うことも想定される。また、事業規模の拡大に伴い、当該事業経営体の基軸が農業生産部門から加工部門へとシフトすることも将来的には考えられる。そうした場合、農業生産部門は縮小もしくは消滅する方向を伴いつつ当該経営体から切り離され、加工部門が中心となる農商工連携型へとシフトすることが考えられる。

最後の③三次産業傾斜型については、具体的には、従来の農業生産部門を基軸とした六次産業化の展開を図りながらもレストラン部門や商品販売部門などのサービス部門の比重が相対的に高い経営体がこの事業類型に当てはまる。そこでは農業生産のみならず、地域資源やテロワール(13)などを有効に活用した事業展開が想定される。また、国内外を問わず経営外部から広範に調達した農産物を利活用し、商品化のために製造委託を行うことも一般的には考えられる。

農業生産組織体を出自とするパターン

第二の事業展開パターンとしては、農業生産組織体を出自とした展開を基軸とする事業類型である。この展開パターンでは、組織内において加工部門が組織化され事業展開を図る事業類型（④組織内加工部門連結型）と、組織として地域における農業生産諸資源を保全することを目的とした事業類型（⑤地域農業生産諸資源保全型）とが考えられる。

④組織内加工部門連結型では、農業生産部門において多品目の生産が行われ、生産された農産物は加工用の原料農産物として自社の加工施設で利用される。加工施設は、組織内において農業生産物の受け皿として機能する他に、近隣の農業経営体と生産契約を結ぶことで、地域農業の経営支援の受け皿ともなる。組織内で生産された商品の販路としては、直売所やインターネットなどが考えられる。さらに、他の地域とネットワークを形成し、広域で商品の販売事業を展開しているケースもみられる。

他方、⑤地域農業生産諸資源保全型では、地域の農地を中心とした農業生産諸資源の保全を目指す組織経営体が挙げられる。具体的には、土地利用型の水稲作経営を展開している「農企業」がこの事業類型の典型といえ、保全する農地が位置している集落と良好な関係を保つことが重要となる。また、こうした事業類型では、地域内の農産物を利活用した加工品を地域の直売所を中心に販売することが想定される。

集落組織・行政・農協を出自とするパターン

第三の事業展開パターンとしては、集落営農組織を含むさまざまな集落組織、行政や農協などが地域農業を主導する事業類型が想定できる。

まず、集落営農組織を含むさまざまな集落組織が地域農業の中心となり、地域における遊休資源の利活用、都市農村交流による地域活性化を目的に事業展開しているパターンが⑥地域遊休資源利用型である。具体的には、地域の農産物を利用した加工品の販売やレストランや食堂などで地域食材の提供が行われるケースが考えられる。これらの事業類型では、地域の食材を生産するために遊休農地を利用すること、主婦や高齢者など地域に存在している余剰労働力（たとえば、主婦や高齢者）の利活用なども期待されている。

他方、行政や農協などが地域農業を主導し、地域農業の活性化を図ることを目的としている事業類型パターンが⑦地域活性化型である。この事業類型では、地域農産物（現在では利用されなくなった伝統農産物の再生産・再評価も含む）の生産振興、そしてそれらの農産物を利活用した加工品の製造・販売などが行われている。また近年では、遊休農地などに癒しの空間を取り入れた景観を作り出す試みも行われている。そこでは、行政主導の第三セクターが観光地として地元のアピールに貢献しているケースがみられる。

6 パターン別にみた六次産業化の具体的事例

本節で事例として紹介する農業経営体については、小田他（二〇一四）の著書が詳しいが、ここでは出自別に事例経営体から抽出される特徴を要約して紹介しよう。

伝統的な家族農業経営を出自とするパターンの事例

石川県に位置する株式会社ぶどうの木は、もともとは家族農業経営によるブドウ生産農家であった。現在はブドウ生産を基軸として、加工品製造等の六次産業化の展開を図りながら経営発展を遂げ、レストランやブライダル事業、また商品販売といったサービス部門の比重が相対的に高い経営体となっている。

株式会社ぶどうの木の代表取締役社長である本《もと》昌康氏は東京農業大学を卒業後、両親が営んでいたブドウ農家を引き継ぐ形で就農した。本氏は、大学で学んだ果樹の知識を生かし、当時石川県では珍しかった欧州系品種の栽培に着手した。オリジナル品種をはじめとする何十種類もの品種を栽培し、直接、消費者への販売を行っていた。他ではなかなか手に入らない珍しい品種のブドウは消費者の間で評判を呼び経営業績は良好であった。

そうしたなか、本氏は、会社が立地している場所が豊かな自然に囲まれていること、ターミナル駅から車で二〇分、最寄り駅からは車で五分と交通の便に恵まれていること、などの優位性を活かし、「食すブドウから魅せるブドウ」へと経営コンセプトの転換を試みた。その取り組みとして、飲み物やケーキなどを提供するカフェをオープンさせた。しかし、ブドウの商品的特質として旬があることから、季節により来客数に大きな変動が生じるなど、新たな問題も抱えることとなった。こうした問題を解消するため、本氏は、一年を通しての顧客獲得のために、洋菓子店およびフレンチレストランを併設するなど、事業の多角化を試みた。

近年では、東京（銀座）でアンテナショップの開設、石川県内の商業施設内などに支店を構える、などの事業展開を実施してきている。事業展開の最中、本氏は、大手企業の経営手法を学ぶ機会があり、このときに導入を決意した「アメーバ経営」と「フィロソフィ教育」が今日の株式会社ぶどうの木の経営基盤を形成している。

家族経営体から発展するパターンでは、以下の二点が重要な要素であるといえる。第一に、経営体の家族構成員間での性別や年齢のギャップにより、経営理念や経営戦略に相違が生じることが想定され、その相違をいかに調整するかである。第二に、家族や親族以外から、労働力や資本の使用・調達を可能とする経営へといかに発展できるかである。

第一の点に関しては、以下のような対応を図ってきたといえる。本氏は、両親が始めたデラウェア栽培を引き継ぐ形で就農した。しかし、一般的な商品を市場出荷していては期待していたような利益を得にくいと感じたこと、また大学を卒業したからには、両親の後を追うのではなく新しいことに挑戦したいと考えていたことなどの理由より、欧州系品種の栽培に着手し、消費者への販売を開始した。

第二の点に関しては、以下のような特徴が見て取れる。ぶどうの木では、ジャムやジュースといったブドウの加工販売から東京での出店など、積極的な経営拡大・事業多角化を図ってきた。サービス事業への経営比重が高まるなかで、家族・親族以外の雇用を行ってきたが、部門間での労務管理や人的資源の配分への適切な対応を図ってきた。とくに重要な転機となったのが、「アメーバ経営」と「フィロソフィ教育」を導入したことであり、その導入の意思決定が現在の経営発展の要になったといえる。

農業生産組織体を出自とするパターンの事例

奈良県に位置する農業生産法人王隠堂《おういんどう》農園は、農業生産部門において有機農産物を生産し、生産された農産物は青果で出荷される他、加工用の原料農産物として自ら所有する施設で加工し出荷している。また、この加工施設は、生産契約を結んだ近隣の農業経営体が出荷する農産物も受け入れており、地域内において農業生産物の受け皿として機能している。

王隠堂農園は、一九七〇年代後半に消費者グループとの産直提携のもとに奈良県内の農業者が集まり、グループ化された。この農業生産組織体の基本理念は、生産者と消費者が対等な関係で話し合いを行い、そこで定められたルールの下で産直取引を行うというものである。組織の母体である王隠堂農園の無農薬・減農薬農業を主とした農産物生産の経営理念に賛同する地域の農業者がグループを形成している。農業者が生産する農産物を買い取り、提携している消費者グループに販売することで、王隠堂農園は経営発展を遂げていった。

また、王隠堂農園では、農産物の集荷・販売・加工を一括して行う集出荷・加工場を新たに設立した。ここでは専従職員が一元化された集出荷管理と品質管理を行っている。これまでは、生産部門を構成している農業者の負担となっていた出荷調整作業や加工作業を出荷・販売部門が行うようになったため、よりきめ細かな生産体制が構築されることとなった。その結果、畑単位で使用する農薬の量や種類を厳格に定めることが可能となり、さらなる提携販売先の拡大へとつながった。

このような提携販売先の拡大の中で、青果物だけでなくその加工品に対する要望も増え始めた。そこで、梅、生姜、ダイコン、カキ、シソ等の加工品のラインアップを揃えていったが、とくに力を注いだのがカット野菜事業である。カット工場は、既存の契約農家が生産した野菜を利用し加工するだけでなく、工場周辺の農業経営者と生産契約を締結することで地域農産物の受け皿となるとともに、グループ全体の規模拡大にも貢献している。このような取り組みにより、多様な種類の製品の安定的な供給が可能となり、カット野菜業界でも高いシェアを占めるまでに成長している。

さらに、王隠堂農園では、経営者が所有する古民家を改装した農家レストランの運営も始めている。地域に伝統的に伝わる食材の商品化や地域内での雇用創出により、地域内に存在する未利用資源・未活用資源を利活用するだけでなく、生産者と消費者が対等な関係で話し合うという農業経営体の経営理念を消費者に伝えるのに効果的な役割を果たしている。

このように農業生産組織体のみならず加工施設の運営も行いながら経営発展していくパターンでは、通常、農産物の生産から調達の場面において、組織内部での取引が中心となり、外部とのネットワークは形成されにくい。そのため、地域内外の生産者との農業者ネットワークをいかに形成できるかが、経営の安定化・発展の重要な要素となる。この王隠堂農園では、加工施設の建設などの経営規模の拡大時に、新たな農業者ネットワークの構築を巧みに行っており、組織としての農産物生産の安定化・発展を達成している。

集落組織・行政・農協を出自とするパターンの事例

三重県伊賀市で行われている菜の花プロジェクトは、行政主導で取り組みが開始され、菜の花栽培、菜種油製造・販売が行われている。また近年では、菜の花の景観美を生かして観光戦略も展開している。ここでは、行政主導の第三セクターが観光地として地元のアピールにも貢献している伊賀市の菜の花プロジェクトについて具体的にその経緯を見ていこう。

当プロジェクトは二〇〇七年より、市内一五の農業経営体や農業組織の協力のもと、市民農園や市内各地の約一〇ヘクタールで搾油用の菜の花の栽培から始まった。開始初年度においては、菜の花の生産から収穫、菜の花の製造・販売に至る間に、行政主導による菜の花エコシンポジウムの開催、バイオディーゼル燃料（ＢＤＦ）精製の小型プラントの設置、ナタネ油搾油用の加工施設の設置が行われた。菜の花の栽培面積は、二〇・七ヘクタール（二〇〇八年）、三五ヘクタール（二〇〇九年）、四八・八ヘクタール（二〇一〇年）、五二・五ヘクタール（二〇一一年）と右肩上がりに増加しており、二〇一二年では六一・一ヘクタールでの菜の花栽培を行っており、西日本最大の栽培面積となっている。また、地域活性化も目的としたこのプロジェクトでは、二〇〇九年から毎年一一月初旬に伊賀鉄道の車窓から菜種をまく「菜の花いっぱい大作戦」を実施し、その種が花を咲かせる大型連休時の四月下旬に「菜の花まつり」を開催し集客効果を上げている。

伊賀市の当プロジェクトの目的は、資源循環システムの構築を目指したものではなく、地域活性化にあるといえる。同市の中心部には上野城の城下町が広がり、伊賀流忍者博物館や芭蕉翁記念館等の観光地が集中している。そのため、観光客は市内中心部を訪れ、日帰りで帰るという通過型観光がほとんどである。

そこで当プロジェクトに取り組むことで、昔懐かしい風景として菜の花を栽培して景観向上や観光資源として活用を進め、農村でイベントを行うなどして農村への観光・交流人口の増加が期待されている。また、通過型観光から宿泊型観光への転換のために今後は、宿泊施設やレストランなどの施設を整備する必要がある。人々の目を農村に向け、自然や文化、人々との交流を楽しむことによって、農村の魅力を伝え地域イメージの向上につながる。また住民にとっても伊賀市の自然や文化などへの関心を高め、さまざまな交流や活動に取り組むことによって、地域コミュニティの育成にも結び付いていく。これらの取り組みにより、地域の良さをより深く理解し、定住意識や地域住民としての誇りを醸成するといった効果も期待されている。

このように、行政が主体となり、地域資源の有効活用と観光戦略を組み合わせた事業運営により、大きな発展を遂げてきた伊賀市の菜の花プロジェクトであるが、行政主導ゆえの問題も顕在化してきている。その一例をあげると、ナタネ油の製造量が過多となり、販売量とのギャップが生じている。また、二〇一二年度から搾油施設の運営が指定管理者制度へと変更されたため、行政からの事業委託ではなく自主的運営が必要となり、運営面・財政面からも問題を抱えることとなった。

このような、行政が地域活性化を目的に主導する事業パターンの場合、その理念に賛同する地域住民から、地域内の労働力・ノウハウ等の経営諸資源をいかに引き出すかが、事業成功を決定する重要な要素となる。三重県伊賀市の場合、参加目的・事業内容・事業展開に対する参加住民の意識を、行政が上手く調整することで、日本でも有数のプロジェクトを展開している。

7　新たな価値の創出へ

ソフト面の支援

六次産業化に関しては、政府の期待や支援もあり、個別経営における多様な展開の取り組みが各地で行われてきている。六次産業化には、日本農業の将来に対する新たな価値の創出が期待されている。ただし、こうした動きは一過性のブームとしてではなく、地に足をつけた対応・展開・支援を図っていくことが重要である。すなわち、中長期的な展望を見据えた戦略が必要であるといえる。それらは個別経営のみならず、地域農業、産地としての将来展望と言い換えることもできる。

これまでの六次産業化の取り組みに関しては、農業生産者の視点から付加価値の創出を行うことが主流であった。すなわち、消費者側のニーズの把握や地域ブランドを推進する動きはまだまだ弱いものであったといえる。前項で取り上げた三つの事例は、生産者同士の結びつきを強めるだけでなく、消費者や行政を含む地域における主体との関係を重視した新たな取り組みを行っていた先進的事例であるといえる。

六次産業化の支援事業としては、これまで加工施設などのハード整備が中心であった。しかし実際のところ、ハード整備のみで六次産業化を支援していくことは困難である。ここで重要となってくるのが、地域にある資源の探索・評価・利用、他産業の関連主体との連携などを組織できる人材の確保・育成、ノウハウの蓄積といったソフト面での支援である。

キーパーソンの存在

本章で取り上げた事例に関しては、どの事例も主体となるキーパーソンが地域を熟知していたことは重要な点であろう。これらのキーパーソンは、農業生産者との関係のみならず、加工や流通、観光など、さまざまな関連主体の間を結びつけるコーディネーターとしての役割も有していたといえる。今後は、こうしたソフト面にも焦点をあてた支援対策を構築していくことが重要となるであろう。

実際、農林水産省の支援においても変化がみられる。これまでの農業経営体への支援から、地域を視野に入れた支援へと比重が変わってきている。具体的には、これまでの農業経営体への点としての支援であったが、近年では農業経営体を取り巻く主体、たとえば、加工業者、教育機関や研究機関、病院など、点から線そして面へと領域の拡大をみせる取り組みが行われてきている。今後は、農業生産者を中心としながらも農業以外のさまざまな産業・異業種の関連主体とネットワークを構築することによる新たな展開が期待されている。

【注】

(1) 百貨店地下の食品売り場（いわゆる、デパ地下）やコンビニエンスストア、スーパーで購入した惣菜を家庭に持ち帰り、食卓に並べ食事を行う形態を中食と本章では定義する。

(2) そば店やファストフード店、居酒屋などでの食事を外食と本章では定義する。

(3) 農業生産諸資源には、農地以外にも機械や水利施設などの有形の資源、地域の気候風土にあった栽培技術などの無形の資源、伝統農産物の種子といった遺伝的資源も含まれる。

(4) 詳しい「農企業」の概念については、小田他（二〇一三）を参照のこと。

(5) 近年、消費者への直接取引以外に中食・外食産業との新たな連携も含めた形での農産物集出荷販売事業体が出現してきている。これら事業体は、フランチャイズ化を含めた周年出荷体制を確立し、取引主体との信頼関係を構築しながら事業拡大を図っている。また、価格交渉力の強化に伴う安定的な販売を柱として、地域内の農家を中心としながらも地域外の農家などからも集荷を行いながら集荷・調達先の多様化を行っている。

(6) 有機農産物や無農薬栽培農産物などの特化した農産物を栽培する農家は、中核となる農業経営体との厳密な生産契約のもとで、取引先の規格に適合する農産物を栽培している。

(7) これら経営体が経営する圃場で栽培される農産物は、大きく二つの目的を持つ。一つめは親元企業が加工などを行い販売する製品の高付加価値化・ブランド化を目標とするものである。具体的には、漬物などの加工品原料となる地域伝統農産物の生産やワイナリーによるフラグシップワインの原料となる原料用ブドウの生産などが当てはまる。二つめは契約・取引農家との新たな農産物の契約・取引を行う際の情報提供を主たる目的とした試験栽培である。

(8) これら経営体では、親元企業の経営戦略に従った作目・栽培方法・肥培管理などの選択が行われ、親元企業からの人材交流・給与確保などの各種支援に支えられた農業経営が営まれている。また、経営者自身も親元企業の経営戦略に従ったキャリア教育がなされ、地域・

異業種との連携の中で新たなキャリア開発・獲得が可能となる。

(9) 二〇〇一年五月に施行された「食品リサイクル法（正式名称：食品循環資源の再生利用等の促進に関する法律）」では、食品の製造、流通、外食などにおいて食品廃棄物などの発生抑制、再生利用、減量などを食品関連事業者の責務としている。また、年間の食品廃棄物などの発生量が一〇〇トン以上の事業者には、再生利用などを促進することが義務づけられている。また、二〇〇七年の改正により食品関連事業者による農畜水産物などの利用の確保までを含む再生利用事業計画を作成、認定を受ける仕組みを設けたことから、産業廃棄物処理費用の低減などを主要な目的とした食品関連事業体による農業参入が増加している。

(10) 昨今、企業の社会的責任（CSR）が注目を集めているが、親元企業のCSR活動の一環として社会への公共性や倫理性を果たすために、農業参入を行う企業も存在している。具体的には、ハンディキャップを持つ人々を雇用し農業経営を行う事例（ケア・ファーム）などが登場している。

(11) 詳しくは、小田他（二〇一三）を参照のこと。

(12) 委託側ブランドによる製品生産委託のこと。委託側は価格、品質、納期において安定的な製品の調達および設備投資の削減が可能となり、受託側は自社製品の実質的なシェア拡大が得られる。Original Equipment Manufacturing の略語。

（13）フランス語の「Terroir」のこと。通常、「地味」と訳される。一般にはワイン用ブドウを栽培する農地に固有の生産力を規定する自然条件（土壌の肥沃度や物理的構造、地層構造、気候など）を総合的に評価する概念であり、慣行的な栽培技術、土地改良、水利条件などの歴史的に形成された人為的な土地条件も加味される。詳しくは小田他（二〇〇七）を参照のこと。

【参考文献】（URLは二〇一五年三月二五日閲覧）

小田滋晃・伊庭治彦・香川文庸（二〇〇七）「アグリ・フードビジネスとツーリズム・テロワール――『新ネットワーク』論に基づく地域産業クラスター研究の今日的課題」『生物資源経済研究』第一二号。

小田滋晃・長命洋佑・川﨑訓昭・長谷　祐（二〇一三）「次世代を担う農企業戦略論研究の課題と展望」『生物資源経済研究』第一八号。

小田滋晃・長命洋佑・川﨑訓昭（二〇一三）「次世代を担う『農企業』戦略」『農業経営の未来戦略Ｉ　動きはじめた「農企業」』昭和堂。

小田滋晃・長命洋佑・川崎訓昭・坂本清彦（二〇一四）『農業経営の未来戦略Ⅱ　躍動する「農企業」――ガバナンスの潮流』昭和堂。

小田滋晃・長命洋佑・川崎訓昭・長谷 祐（二〇一四）「六次産業化を駆動する農企業戦略論研究の課題と展望――ガバナンスとコンフリクトを基調として」『生物資源経済研究』第一九号。

小田滋晃・長命洋佑・川崎訓昭・長谷 祐（二〇一四）「地域資源を維持する企業的農業経営体――ガバナンスと経営管理とに着目して」『農業と経済』第八〇巻第六号。

川崎訓昭・長命洋佑・小田滋晃（二〇一三）「『農企業』を取り巻く情勢変化」、『農業経営の未来戦略Ⅰ　動きはじめた「農企業」』昭和堂。

清水徹朗（二〇一〇）「新規就農を巡る近年の動向」『農中総研　調査と情報』第一七号。

長命洋佑・川崎訓昭・小田滋晃（二〇一三）「食農連携をめぐる新たな動き」『農業経営の未来戦略Ⅰ　動きはじめた「農企業」』昭和堂。

「六次産業化・地産地消法に基づく認定の概要」農林水産省（http://www.maff.go.jp/j/shokusan/sanki/6jika/nintei/pdf/270227_ruikei.pdf）。

第2章　日本農業の構造的問題

——危機を乗り越える経営力——

吉田　誠

吉田　誠

（よしだ　まこと）

1955年，和歌山県生まれ。
三菱商事株式会社シニアアドバイザー，
吉田農園代表。

広島大学政経学部卒業。和歌山県庁，慶応義塾大学グローバルセキュリティー研究所研究員などを経て現職。「農林水産業から日本を元気にする国民会議」事務局長，内閣府行政刷新会議事業仕分けワーキンググループ委員，内閣府行政刷新会議規制制度改革委員会農業ワーキング主査，経済産業省ＩＴ農業フォーラム委員，内閣府行政事業レビュー公開プロセス外部見識者，夙川学院大学観光文化学部客員教授，宮崎県農業成長産業化推進会議委員，千葉科学大学大学院危機管理学研究科外部講師などを歴任。『審査事務の手引き』（1983年，和歌山県），『リゾート開発ハンドブック』（1990年，和歌山県），『まちづくりハンドブック』（1992年，田辺市），『新たな国のかたちをめざして——分権型国家システムの制度設計』（2005年，慶応義塾大学G-SEC）他著書多数。

1　今そこにある危機

転換期を迎えた日本農業

二〇〇四年、六四の農業関係団体と民間企業で構成される「農林水産業から日本を元気にする国民会議」が結成された。その目的は、次の二つだった。一つは、日本農業を自立した持続性のあるビジネスに転換すること。もう一つは構造的改革により地方の産業基盤として再生し地域の活性化につなげること。この二つの目的のために幅広い分野の団体、企業、研究機関が結集したのだ。

この国民会議には、一二のワークショップが組織され、コアとなるビジネスプロジェクトの議論が続けられた。これは農業をビジネスモデルの視点から分析し、経営的側面から本格的な検討が行われた、はじめての取り組みだったのではないだろうか。そのとき予測された日本農業の構造的な変化は、まさしく現実のものとしていま私たちの現前にある。日本農業はいま、大きな転換期を迎えているのだ。しかも一九七〇年代後半から徐々にその姿をみせはじめた変化は、二〇〇〇年以降そのスピードを加速度的に増している。

本章では、日本農業を取り巻く環境がどのように変化しつつあるのか、その変化のなかで顕在化しつつある問題とその本質に迫ってみたいと思う。そこから日本農業ビジネスの未来の姿とそこに至るいくつかの道筋がみえてくるはずだ。

どんな分野でも未来へのビジョンを描くためには、まず私たちが直面している現状と課題を明確に理解しておくことが必要だろう。ここでは日本の農業の現状と課題をできるだけわかりやすく明らかにしたい。そのためには、表面的な現象をあげつらうのではなく、なぜそうなってしまったのか、なぜそれが今も続いているのかといった疑問を持ち、一歩でも深く問題の本質へと踏み込むことが重要となる。一見複雑でわかりにくい問題も、事実や現象の向こう側にある本質的な部分を見抜くことができれば、意外とシンプルであることに気づくものだ。

縮む国内農産物市場

読者は日本農業が直面している最大の問題は何だとお考えだろうか。「やはりＴＰＰ問題じゃないか」「いや増え続ける耕作放棄地の問題だろう」「いやいや農家の高齢化だろう」と、人によっていろいろな意見があるだろう。

その答えは「国内市場の縮小」だと私は考えている。私の好きな俳優の一人であるハリソン・フォード氏主演の「今そこにある危機（邦題）」という映画がある。二〇一一年の春、私はその題名を突然思い出した。それは、全国各地の市場関係者や卸業関係者との意見交換を終えて東京に戻る車中でレポートをまとめているときのことだ。農産物の消費量が確実に減少している、国内の農産物市場の規模が縮んでいるという事実を実感し愕然とした瞬間だった。そのときの肌が泡立つような感覚を今もはっきりと覚えている。

それまでにも、日本の人口が減少期に向かえば食料市場の規模も当然縮小するということは理屈ではわかっていたはずなのだが、その実感はなかった。多分、まだまだ先のことだと思い込んでいたのだろう。人間とは、しばしば現状が永遠に続くものだと思ってしまうものだ。いや、そう思い込もうとするものだ。変化の兆しに気づいていても、みたくないものはみえないことにしてしまうのだ。しかし、そのとき私は理屈ではなく「今、市場が縮み始めている」ということを実感した。みえないふりをしていたモノがみえてしまった瞬間だった。

農林水産省の発表（食糧需給表）では、二〇一二年のコメの一人あたり年間消費量がついに五六キログラムにまで減った。ピークだった一九六二年の一一八キログラムの約半分だ。また、野菜の一人あたり年間消費量も一九七一年には一一九キログラムだったものが、二〇一一年には九一キログラムまで減っている。四〇年間で二三パーセントの減少だ。この背景には、パンや肉を食べる量が増えた、家庭で料理を作らなくなった、といった食生活様式の変化や人口の高齢化の進展による消費量の減少がある。

次に、消費者の一歩手前にある小売、外食、中食、加工製造、卸売などの食品流通業界の動向をみてみよう。農林水産省の「農業・食料関連産業の経済計算」によると、食品製造業の国内生産額は一九九〇年の三八兆円をピークに減少し、近年は三五兆円前後で横ばい状態にある。

食品流通業の国内生産額も一九九五年の三一兆円をピークにやはり減少し、現在は二五兆円前後で伸び悩んでいる。

食品卸売業はもっと厳しい状況にあり、事業所数、販売額ともに急激に減っている。事業所数は一九九四年に九万六〇〇〇だったものが、二〇〇七年には七万六〇〇〇にまで減少し、最近は業界紙に倒産や閉所のニュースが載らない日がないほどだ。販売額も一九九四年には一〇四兆円だったのが、二〇〇七年には七五兆円まで減少している（マイナス二八ポイント）。

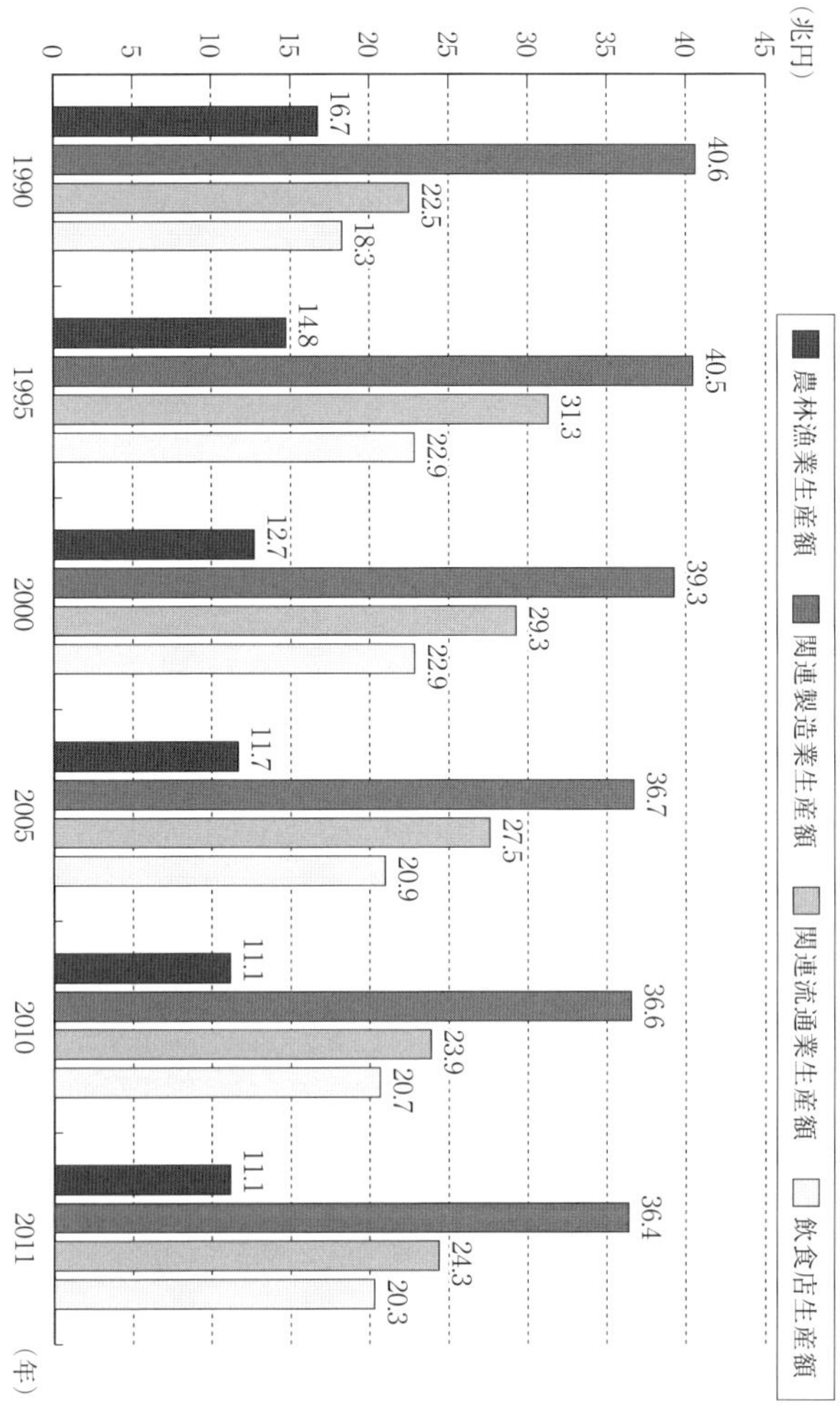

図１　農業・食料関連産業の国内生産額の推移

出典：農業・食料関連産業の経済計算をもとに作成。

食品卸売業のこの危機的状況の背景には、近年卸売市場を通さないで生産者から直接小売業、外食業、中食業、食品加工業などに引き渡される農産物が増えているという事情がある。この卸売市場を通して流通している農畜水産物の率を卸売市場経由率という。農林水産省の卸売市場データ集（二〇一二年九月）によると、青果物の経由率は一九八九年には八二パーセントだったのが、二〇〇九年には六四パーセントにまで減少している（マイナス一八ポンイト）。つまり、卸売業界の縮小の最大の要因は経由率の低下であるということができる。しかし、販売額の減少率の方が経由率の減少率よりも一〇ポイントも多いことから、市場価格の下落の影響や市場規模の縮小による影響もあるのではないかと考えられるのだ。

それでは、食品小売業をみてみよう。全国でコンビニエンスストアの店舗がどんどん増えているので、食品小売業界は活況を呈しているのではと思いがちだ。しかし、事業所数や販売額の推移をみてみるとまったく違う姿がみえてくる。

まず事業所数だが、一九九四年には四九万あったものが、二〇〇七年には三三万にまで減少している。販売額も一九九九年の四七兆円をピークに二〇〇七年には四四兆円に減少した。近年は若干持ち直したものの、全体的には減少傾向にある。コンビニエンスストアは増加しているものの、その分食料品専門店などが減少し、食品スーパー、総合スーパーは横ばいで、全体としては減少が続いているという状況だ。

最後に、外食・中食産業の状況をみてみよう。外食産業の市場規模は、一九九八年の二九兆円をピークに、二〇〇九年には二四兆円にまで減少している。一方、中食の市場規模は緩やかに増加していて、二〇〇九年には六兆円となっている。しかし、伸びている中食の市場規模が小さいため、全体的には横ばいの状況にある。つまり、家庭内で調理をする内食と外食が減少し、中食へとそれらの一部がシフトしているものの、全体的には市場規模が縮小していることがみてとれるのだ。

数字が多くて読みづらかったと思うが、これらの数値データから日本の食品産業市場規模が、確かに縮小し始めているということがわかるのではないかと思う。こうした国内の市場規模の縮小に直面している流通業界は、まさにサバイバル状況にある。流通業界の再編淘汰が今後一気に進むのは確実だといえる。

増える輸入量

さて、食品産業の市場規模が縮めば、当然、その市場に農畜水産物を供給している生産側では、売り先が減ることになり、供給過剰とそれにともなう価格の下落が起こることになる。このため、全体としては供給量、つまり生産量を減らすほかなく、その結果、生産側でも再編淘汰が進むサバイバル状態となる。

その生産側の状況をみてみよう。まず、農業総産出額だが、農林水産省の「生産農業所得統計」によると、一九八四年の一一兆円をピークに二〇〇〇年には八兆円まで減少している。ただ、産出額の減少には、農産物の価格下落も影響しているから、生産量の推移も確かめておく必要がある。

農林水産省の作物統計によれば、水稲の収穫量は一九九四年の一二〇〇万トンをピークに二〇〇八年には八〇〇万トンまで減少している。

野菜はどうだろう。野菜生産出荷統計によると、野菜の収穫量は二〇〇五年の一一九一万トンから一一二万トンに約六パーセントの減少。葉菜類だけは微増傾向にあるのだが、根菜類はマイナス一〇パーセント、ナスやキュウリなどの果菜類はマイナス九パーセント、スイカやメロンなどの果実的野菜はマイナス一七パーセントの減少となっている。減少率が大きい野菜を眺めてみると家庭で和食料理に使う野菜や持ち帰るのに重くて生ごみが出る野菜が多いようだ。

このように農作物の生産量も減少傾向にある。しかし、「輸入量が増えたからではないか」という疑問を持つ方もいると思う。確かにその影響もある。農林水産省の食料需給表によると、二〇一一年の輸入量は、コメが九九万トン、野菜は三〇〇万トン、イモ類は一〇〇万トン、マメ類は三一〇万トン、果実で四九〇万トン、肉類は二七〇万トン、牛乳および乳製品は四〇〇万トン、魚介類は四四〇万トンとなっている。マメ類は国内消費量の約九〇パーセントが輸入品でまかなわれており、果実、魚介類、肉類では国内消費の約五〇パーセントが輸入でまかなわれている。

このように、農畜水産業は国内の食品市場規模の縮小と輸入量の増加という二つの問題に直面しているといえる。この二つの問題に根本的な解決策をみいだせない限り、農畜水産業は加速度的に生産量の減少が進まざるをえないものと予想される。

危機とは、未来に突然起こるものではなく、今この瞬間に私たちの足もとでゆっくりと進んでいるものであり、その変化の進行による既存の制度と現実との歪みが一定の許容量を超えた時点で急激に大きな乖離として眼前に現れるものなのだ。そうした意味で、日本農業にとって最大の問題である国内市場規模の縮小は、すでに始まっている「今そこにある危機」だといえよう。

2　経営体の変化

所有と経営の分離

二〇一〇年の農業センサスによれば、販売農家の経営面積の二三パーセントにあたる七六万ヘクタールが借り入れ農地で、そのほとんどが土地持ち非農家からの借り入れとなっている。この土地持ち非農家や自給的農家からの借り入れ農地は今後急激に増加していくものと予想される。このことから読み取れるポイントは、日本農業において、農地の所有と農業経営（耕作）との分離が急速に進んでいるということだ。

二〇〇九年に農地法が改正されるまでは、農地法第二条に「自作農」とは「農地又は採草放牧地につき所有権に基づいて耕作又は養畜の事業を行う個人」だと定められていた。つまり、農地を所有している者が自作農（農家）であり、農地を所有していない者は「小作農」だと定義されていたのだ。二〇〇九年の改正時に、メディアはこの条項が削除されたことをあまり大きく取り上げなかったのだが、それは戦後の農業政策の根幹であった農地所有（自作農）主義が時代の変化のなかで終焉を迎えた瞬間だったのだ。

そのころすでに、農業法人や専業農家は経営規模を拡大しつつあり、一方で小規模農家や兼業農家を中心に離農する農家が増えていた。離農した農家の所有していた農地を専業農家や農業法人が借り入れし、経営（耕作）規模を増やしていったのだ。

土地持ち非農家は二〇一〇年で一三七万戸、総農家戸数のうちの三五パーセントにのぼる。また、わずかの農地を手もとに残し、耕作はしてはいるものの農作物を販売していない農家は自給的農家と呼ばれ、八九万戸、農家の二三パーセントを占めている。

このように、借り入れ農地の増加は、戦後の農業政策の根幹であった農地所有者＝農家という自作農主義を基盤にした戦後法制度の転換を促したのだ。

法律や制度というものは、ほとんどの場合、現実を先取りするものではなく、先行して変化する現実を追いかけて作られるものだ。現実を変え、それまでの常識を覆す契機を生み出すのは、いつの時代も先駆的な民間の力だ。農地を借り入れ、経営規模を拡大していった生産者もかつては「闇小作」などと呼ばれていた。彼らの経営者としての努力が既存の法制度の壁をつき破り時代を変える力となったといえる。

そうした現実、現場の変化を後追いし、時代の変化にあった新たなルール作りを行うことこそが、政治や行政の役割だといえる。逆にいえば、法制度が時代の変化よりも先行しリードすることは基本的にありえないのだ。

では、この農地法第二条の改正の背景にはどのような現実の変化があったのだろうか。食料不足の戦後から昭和五〇年代初頭にかけては、農作物を作れば高く売れるという時代が続いた。そのころの農家の収益率はとても高く、果樹農家の実例では約七〇パーセントの収益率があった。

このため、農業界は生産力と品質の向上にまい進した。高いが良質な肥料、農薬、農機を投入することで生産量は増えたが、一方で生産費も高騰してしまった。しかし農作物の価格も上がっていたため、収益は十分確保できた。日本農業の高コスト体質はこうして形作られたのだ。

ところが昭和五〇年代以降、人口増加と経済成長が一段落すると、それまでの無計画な生産量の拡大が多くの作物で供給過剰状態を引き起こし、農産物価格も下落、農家の収益率が一気に低下してしまった。とくに小規模な農家には大きな打撃となった。もともと少なかった収益額が減少し、農業では食べていけなくなったのだ。それでも、地方への工業立地の進展などにより働き先が増えていたため、兼業農家として給与所得を得ながら農地の耕作を維持することができた。

平成の時代に入ると、バブル経済が破綻し、右肩上がりの曲線を描いていた経済成長の時代が終わる。国内の賃金の高騰で製造業を中心に生産拠点の海外移転が急増。さらにリーマンショックが襲い経済が低迷する。追い打ちをかけるかのように構造改革の名のもとに、それまでの産業の地方分散政策がストップした。工場を閉鎖し、地方から撤退する企業が相次ぎ、それらの工場に勤めていた兼業農家は兼業先を失い、農業だけでは食べていけないため離農してほかに職を探すしかなくなった。

このように、農業経営における農地所有と経営（生産）の分離は、小規模な自作農が農業所得だけで食べていけなくなった結果だということができる。逆説的にいえば、食料需要が拡大し続けた高度成長期だったからこそ、小規模な農家も自作農として経営が可能だったということなのだ。

日本は現在、デフレからの脱却を目指しているが、人口の減少が始まった今、かつてのような高度経済成長は望むべくもなく、ＧＤＰ（国民総生産）は縮小し続けることになるはずだ。そのようななかで、農業が自立した持続性のあるビジネスとして成立するためには、所有と分離した経営力の強化が不可欠となる。その具体的な内容については後ほど述べたいと思う。

分業化の必要性

農地所有と経営（耕作）が分離しつつあることは、わかって頂けたのではないかと思う。ところが現在、多くの農業経営者は次の段階の新たな問題に直面している。農業法人の経営者たちは、借り入れ農地を増やすことによって経営規模を作業効率の良い適正な規模まで拡大し、直売・加工事業にも乗り出し、従業員の数や労働時間、農機や設備の稼働率も効率的な水準まで引き上げることができた。ここまではすべて順調だったのだが、新たな二つの問題に直面することになったのだ。

その一つめは、経営規模の拡大と直売事業、加工事業への進出による管理業務の増大だ。生産事業に専念できていたときとは比較にならないくらい多くの、そしてさまざまなマネジメント業務をこなしていかなければならなくなったのだ。

生産部門に加え管理部門や販売部門、製造部門など異なる職種の従業員の労務管理、財務管理、資金管理、直販事業や加工事業のための資材調達管理や商品の在庫管理、物流管理さらに加工過程の安全管理や衛生管理などの業務に加え、営業活動に要する時間、知識、技術も必要となる。経営者一人ではとても対応しきれず、組織だった対応が必要となるのだが、サポートしてくれる幹部従業員が最初からいるわけではなく、人材の確保と育成の重要性が増してくる。

ある農業経営者は、ため息まじりに「それらの管理業務をこなしている自分の人件費を考えると完全にオーバーコストになっている」とつぶやいている。

農業以外の製造業でも小規模な企業では同じような問題に直面する段階が必ずある。そのときに、他の企業への業務委託や事業提携などといった方法で経営業務をアウトソーシングし、管理業務の効率化を図ることにより、事業の拡大を図ることが必要となる。販促、人材確保、人材育成、資材調達、衛生管理などをその道のプロである企業に任せることができれば、事業の根幹である生産事業に専念できるわけだ。

ここで少し本題から脱線するのだが、近年加工事業に進出すれば、農産物をそのまま販売するよりも付加価値が高まり収益を拡大できるという謳い文句で、六次産業化政策なるものが推進されてきた。しかし、生産者はもちろん、行政関係者も付加価値の本質的な意味を十分理解していないようだ。

付加価値とは、控除方式と呼ばれる計算式で算出する場合には、確かに売上高から前給付原価を差し引いた額であり、収益ととらえることもできる。しかし、加算方式で計算する場合には、付加価値は労務費、人件費、租税公課、金利などの費用を利益に足したものということになる。つまり、経営者の視点からみれば、付加価値とはリスクとコストの増大でもあることを忘れてはならない。売上高を上げるために、業務量が拡大し、多くの人を雇用し、税金も利子もたくさん負担する。それによって、社会や他の企業のために貢献することになるのだが、危険も責任も大きくなるというのが付加価値の持つもう一つの側面なのだ。しかも、加工事業は競争がもっとも厳しい分野でもある。補助金があるから、ファンド資金を得られるからという理由で、安易に進出する分野ではないことに十分留意する必要がある。

さて、本題に戻ろう。これまで、農業界はきわめて閉鎖的な業界だったといえる。そのため他企業と連携しバリューチェーン（価値連鎖／生産・流通・販売の各過程で付加価値を生み競争力を付けること）を構築していくということに慣れておらず、今も他企業との連携には消極的であり、過剰とも思える警戒感や逆に期待感を抱いてしまうケースが見受けられる。信頼できるパートナーをみつけ、ビジネスライクに率直な意見交換、情報交換をし、シビアに交渉することが必要なのだが、長い年月をかけて醸成されてきた閉鎖的な意識を変えることは難しいようだ。

問題の二つめは、経営規模の適正化により経営力がついた農業経営者に対し、さらなる農地の引き受けを求める地域からの圧力だ。経営規模は大きければよいというものではなく、作付する品目ごと、栽培方法ごとに、経営効率の良い、つまり収益率が高い適正規模というものがある。中途半端に耕作面積を拡大してしまうと、労働時間が少ないのに人員を増やしたり、稼働率が低いのに新たに機械設備を購入したりしなければならなくなる。また、販路も拡大しなければならない。その結果、収益の増加を上回る固定経費が生じてしまい、経営が悪化する恐れがあるのだ。地域のためには、農地を引き受けたいが、経営を考えれば引き受けることは難しいという悩みを抱えることになる。

こういうときに、新たに引き受けた農地の圃場管理や生産作業、生産物の販路確保を任せられるビジネスパートナーがいれば、経費の多くが変動経費となるため、少ないながらも一定の収益を確保しながら新たな農地を引き受けることができる可能性が生まれる。その後、さらに借り入れ農地を増やし、増加農地の面積が経営効率上の適正規模になれば、従業員を増やし、機械設備を整備し、直営化することができるということになる。

ここで述べた二つの課題は、経営規模の拡大と経営の多角化により、経営の分業化が必要になってきているということにほかならない。農業以外の製造業では、ずいぶん前から、経営規模が一定の段階を超えれば、業務の外部委託や管理部門の分社化、逆に外部に委託していた業務の内製化など経営効率化のためのさまざまな創意工夫が繰り返し行われてきている。農業経営も、所有と経営の分離段階を経て、次の段階、つまり経営の分業化の段階に入ってきたといえる。

株式会社としての組織作り

農林水産省の農林業センサスによると、販売農家数は急速に減少している。一九九〇年には二九七万戸だったが、二〇一〇年には一六三万戸に減少。二〇年間で一三四万戸も減少しているのだ（マイナス四五パーセント）。内訳をみてみると、いわゆる兼業農家（副業的農家と準主業農家）が八七万戸の減少、主業農家が四六万戸の減少となっている。一方で、土地持ち非農家が六〇万戸増えているから、約七〇万戸の農家が廃業したことになる。

そうしたなか、株式会社などの組織経営体は、暫時増加している。農林業センサスによると、二〇一〇年の農業法人数は約一万三〇〇〇経営体、集落営農組織は約一万五〇〇〇経営体となっている。

現在の農家の高齢化や後継者不足の深刻な状況から試算すると、一六五万の農業経営体数（販売農家数＋組織経営体数）は急速に減少し、二〇二〇年には四〇万経営体の水準にまで減ってしまうのではないかと考えられる。こうした状況のもとで、なぜ、組織経営体、とくに株式会社としての農業法人数は増えていくのだろうか。それにはいくつかの要因が考えられる。

経営効率を考えた適正な規模に経営規模を拡大していくと、前述したように、従業員数、機械設備数が増え、それらにともなう管理業務量や資金需要も大きくなっていく。それに対応するには、きちんとした組織作りをし、誰が経営決断を行い、責任を負うのか経営責任を明確にすることが必要になる。有能な人材確保と育成のためにもそうした組織作りができているか否かが重要な要件となり、金融機関や投資家からの資金調達力や取引先からの資材の調達力を強化するためにも、経営責任の明確化や組織作りはきわめて重要となる。さらに技術の向上や継承、経営の継承のためにも組織作りは重要な条件となる。組織作り、具体的には株式会社の設立が進むのは当然の成り行きといえるだろう。

一方、集落営農組織は、行政主導で設立が進められてきたが、それも一段落し、今後は法人化が暫時進み、それができない非法人組織は衰退していくものと思われる。なぜなら非法人組織は経営責任が不明確になり、対外的な信用力も低いため、この厳しい環境下で有効な経営判断を行い、経営を持続することが難しいと思われるからだ。

もう一つ注目しておきたいのは、農協が出資する農業法人が増加するだろうということだ。組合員の離農者が増え遊休農地が増加。しかも、その遊休農地の受け皿となる専業農家も家族経営であるため、現状以上の農地の引き受けが徐々に難しくなってきているからだ。このため農協が農業法人を出資設立し、それらの農地を引き受けて行く以外に方法がないということになる。JA全中の調査では二〇〇八年時点で二七〇の農協出資型農業生産法人が設立されている。

農協出資法人の増加は、後述する農協が抱えている構造的な問題を解決する契機になる可能性があり、その意味でも注目に値すると考えている。というのは、既存の農協出資農業法人に経営陣として出向している農協職員の意識が大きく変化していることに気づくからだ。彼らは、生産者あるいは経営者という立場から農協という組織を客観的、俯瞰的にみることになり、組織や制度の抱える問題点をより明確に認識することになる。

二〇一三年以降、政府の農協組織改革に向けての動きが加速しているが、既得権益のある組織の改革はきわめて難しいものだ。制度や仕組みを少し変えたところで、長い年月をかけて醸成された組織文化、組織風土というものはなかなか変わらないものだ。

二〇一五年、政府の進める農協改革によりJA全中の監査権がなくなることとなったが、

ＪＡ全中の政治的な組織統制力の源泉が監査権の存在であったかについては検討の余地があると考える。上位組織の下位組織への統制力の源泉は、ほとんどの場合、下位組織の人事への関与力であり、法制度や定款に基づく下位組織からの資金の吸い上げ権限にある。この点にメスを入れなければ根本的な問題の解決にはつながらないだろう。そうした意味で今回の農協改革は抜本的な改革への端緒についたところでしかないと考えてよいのではないだろうか。

しかし、一連の政府とＪＡ全中の交渉の過程で、ＪＡ全中が思い切った自己改革案を出せなかったことにより、その求心力が低下したことは事実だろう。とはいえ、これによって単位農協やＪＡ全農、ＪＡ共済連、農林中金などの全国組織の構造的な改革が劇的に進むことにはならない。

近年、単位農協間の意識格差、改革のスピードの差が大きくなっている。これは、ＪＡ組織の根幹である共同計算制度、無条件委託販売制度に依存していては、組合員である農家が困窮するばかりであることに危機感を持った農協とそうでない農協との差によるものであるように見える。農協組織の維持、農協組織の利益を優先する農協において根本的な改革が進むことはなく、農家の経営維持、利益確保を優先して考える農協において脱共計制度、脱無条件委託販売といったかたちで抜本的な改革への挑戦が進められているのが現実だ。

多少、時間はかかるかもしれないが、農協出資農業法人が増えることにより、職員の意識、そして組織風土が変わり、こうした根本的な改革が進むことに期待をしたい。

経営体の数が問題なのではない

日本では、残念ながら家族経営に毛の生えた程度の農業法人が多いのが現状だ。前述したように経営規模が一定の規模を超えると、株式会社としての組織作りが必要となる。そのとき、もっとも問題となるのは経営者も含めた有能な管理職クラスの人材の育成確保だ。

その問題解決のための第一歩は、結局のところ、経営者がいかに謙虚さを失わず、人材育成も含めた経営スキルを身につけながら、組織作りを行えるかどうかだ。そういう意味では、経営者が一人がんばり、一定の成功を収めた時点で謙虚さを失うことが一番怖い。いわゆる農業への関心が高まるなか、一定の成功を収めた農業経営者がメディアに取り上げられ一躍有名になると、どうしても舞い上がってしまい、自分の力を過信、あるいは勘違いしてしまうケースが見受けられる。その結果、謙虚さを失いさらなる成長の機会を失ってしまうのだ。謙虚さこそ成長の原動力であることを忘れてはいけない。

さて、余談になるが、経営体数が四〇万経営体まで減少すると、農業界の風景はどうなるだろう。現在の総耕地面積が四五〇万ヘクタールだから、単純に計算すると二〇二〇年には一経営体の平均耕作面積は一〇ヘクタールとなる。さらに、コメなどの穀物類などの生産では、一〇ヘクタール未満では経営が成り立たないから、農地の集約化がうまく進めば、耕作面積が一〇〇ヘクタールクラス程度の中規模経営体が増えるだろう。すでに少数ながら出現している五〇〇ヘクタールを超える超大規模経営体がさらに増える可能性もある。

国土面積が日本より小さいのに食料自給率三〇〇パーセントを誇るニュージーランドと比較してみよう。農地面積はニュージーランドが一一三〇万ヘクタール、日本は四五〇万ヘクタール。圧倒的にニュージーランドが多い。ただし採草地、放牧地を除いた農地面積で比較するとニュージーランドの農地面積は五〇万ヘクタール、日本の農地面積は四二〇万ヘクタールと日本の方が一〇倍も多いということになる。そして、農業経営体数はニュージーランドの六三〇〇（二〇〇七年農場数）に対し、日本の販売農家数は一四五万戸（二〇一三年農林水産省農林水産基本データ集）と日本の方が二〇倍も多くなっている。

ニュージーランドの農業経営体数から畜産・酪農関係の経営体を除くと一万八〇〇〇経営体となり、採草地・放牧地以外の農地面積五〇万ヘクタールをこの数値で割ってみると、平均農地面積は二七ヘクタールとなる。野菜、果樹、苗木、花卉生産が多いことを考えると、この平均面積はなるほどこんなものだろうなと頷ける。

ちなみにニュージーランド労働省の統計による同国の二〇〇九年の農畜産業関係労働者数は一四万五〇〇〇人で、農業関連サービス業の増加により総数も増加傾向にある。なぜニュージーランドとの比較をしたかというと、二〇三〇年の日本の主業農家数をこれまでの減少率から単純試算したところ、約一五万経営体にまで減少するという衝撃的な結果が得られたからだ。先ほどのニュージーランドの平均農地面積二七ヘクタールで日本の農地面積四二〇万ヘクタールを割ってみると、日本の経営体数は約一五万経営体となり、先ほどの主業農家数が一五万になるという試算もあながち非現実的な数値ではないと思えるのだ。

農業経営体数が減少することは、日本農業にとって悲観的な問題かと問われれば、私はけっしてそうではないと考えている。農地の流動化、集約化がスムーズに進み、低コスト生産技術を確立し国際市場に販路を確保できれば、農業生産力と農地の維持は可能だろうと考えている。逆にいえば、農業経営体の生産性、収益性をあげるチャンスだとポジティブにとらえることができるのだ。

農業経営体数が減少すれば、中山間の農村が壊滅してしまうのではないかという意見もある。そういう質問については、いつもこう話している。

「まず、中山間地域の定義をよく調べてほしい。都道府県によって定義が異なりますので、一口に中山間地といっても限界集落もあれば街もあるのです。同じ中山間地域といっても、そのありようはさまざまで、条件も大きく異なります。ですからこの問題は、総論的、一般論的に語るべき問題ではなく、どの都道府県のどの集落かを具体的に限定して検討すべき問題なのです。また、農家数が多くても、現実に過疎化、高齢化が進んできたわけです。仮に農家数が減少しても、農業生産法人などの一つの経営体が新たなビジネスモデルを構築し、事業に成功すれば、新たな雇用が生まれ、住民が増える可能性があるのです。ですから、農家の数そのものは、コミュニティの存続とは直接関係がないのです。持続性のある雇用の創出数が重要なのです。つまり、農業に拘泥せず、その地域の条件、資源を活かし自立した経営のできる、つまり収益をあげることのできるビジネスモデルを作り出すことが重要なのです。さまざまな方の英知を結集しても、それが不可能なら諦めるしかないですよね。どんな村、町、都市にも、時代の変化や支援環境の変化により盛衰は必ずあるものなのですから」。

一見、突き放したような見解だから、反発を受けることもある。しかし、中山間地域で実際に暮らし、農場を経営し、愛着のある故郷の集落の活性化や存続のために努力をしたいと考えている立場からすると、数値化できない客観性のない情緒的な議論からは何も生まれないというのが正直な思いだ。コミュニティの存続問題は、やはり生活の基盤であるビジネスを創出できるかどうかであり、外部の方の力を借りながらも、最終的には住民自らの決断と行動にかかっている。かつては農業を生活基盤にした農村であったから農業政策の問題として議論するというのではなく、産業配置政策、人口の都市集中、それらと深く関係する核家族化など、幅広い視点から地域政策の問題として議論すべきではないかと考えるのだ。そのうえで、新たな農業ビジネスモデルが経済基盤になると判断できれば、農業経営体数の維持ではなく、雇用可能な農業従事者数に重点を置いた施策を展開すべきだろうと考えている。今後は、農業経営体数ではなく、農業従事者数と従事者一人あたりの収益性、生産力に視点を置いた検討が必要になるということをわかって頂けただろうか。

地方再生という視点から付け加えて述べておきたいのは、人口の減少、公的サービスの縮小、さらなる人口の流出という負のスパイラルを断たなければならないということだ。公的サービス、とくにライフラインに関わるサービスについては経済効率化という偏った視点、強化基準を見直す必要がある。ともすれば統合再編・集中という方法論に偏りがちであるが、共有部分は統合しても現場の拠点は小規模分散化を図るべきであると考える。学校・病院などについては集中よりも分散により効率化が図られる可能性がある。また、人口についても減少を過度に恐れることはない。重要なのは健全な年齢構成に戻すことだ。語弊を恐れず書くならば、一〇〇人の高齢Ｉターン・Ｕターン者を受け入れるよりも、一〇人の若い農業経営者を育てる、あるいは受け入れるべきだと考える。繰り返して記すが、地方創生のキーワードは、統合から分散へ、数から質への転換だと考える。

3　失われた市場機能、混乱する市場

市場を介さない流通

前にも少しふれたが、農畜水産物が生産者から消費者に届けられる流通過程において、卸売市場を経由する割合が急速に減少している。農林水産省の卸売市場データ集の推計値では、国産青果物の卸売市場経由率は二〇〇九年で八八パーセント。二〇〇四年からの五

年間で五ポイントの減少となっている。

流通現場にいる私たちからすると、もう少しこの経由率は低い水準になっているのではないかというのが実感なのだが、正確な統計数値がないために本当のところはよくわからない。ちなみに、水産物の経由率は五八パーセント、食肉は一〇パーセント、花卉は八五パーセントとなっている。経由率ではなく、青果物の市場経由量をみてみると、一九八九年に一九五〇万トンだったのが、二〇〇九年には一四二〇万トンと五二〇万トン、二七パーセントの減少となっている。この数値をベースにした市場経由率は六四パーセントとなっており、実態の印象に近い数値となっている。

この背景には、農協が流通事業者に直接販売する直販、生産者が流通事業者や消費者に直接販売する直売の割合が増えてきたという事情がある。コメではまだまだ少ないのだが、野菜などでは生産者と流通事業者が直接売買契約を結ぶ契約栽培が増加している。

また、卸売市場の数自体も減少しており、二〇一〇年の中央卸売市場数は七二、地方卸売市場数は一一六九となっている。二〇〇〇年からの推移をみてみると中央卸売市場は一三市場、地方卸売市場は二五八市場減少している。青果物の取り扱い金額も、この一〇年間で中央卸売市場では三二〇〇億円で一三パーセントの減少、地方卸売市場では二五〇〇億円で一六パーセントの減少となっている。こうした減少傾向の背景には、前述した事情以外にも、やはり日本の食料市場規模が縮小しているという事実が影響しているものと考えられる。

もう一つ着目しておかなければならないのは、競《せ》り率だ。市場のイメージといえば、威勢のいいかけ声が飛び交うなか、高い値をつけた仲卸業者や売買参加者が競り落とすという風景だ。しかし、現在の卸売市場では、この競りがほとんど行われなくなっている。前述のデータ集によると、二〇一〇年の中央卸売市場における青果物の競り・入札率は一七パーセントとなっている。この数値に関しても市場関係者に聞くと、実際はもっと低いはずだという答えが返ってくる。

市場の取引のほとんどが、相対《あいたい》契約、つまり大口の実需者と卸売業者の直接的な商談で価格が決まっているというのが実態なのだ。地方卸売市場では、最大の供給者である農協の価格形成力が強い場合もある。

市場に求められる本来的な機能とは、需給の調整、その需給状況や物産の品質評価に基づく競りによって担保される公開性の高い価格の形成、つまり市場相場価格の形成、そしてその二つの機能に基づく売り手、買い手双方のリスクヘッジという三つの機能だ。

市場経由率と競り率の低下により、卸売市場がこうした本来的機能を果たせなくなっているのが現実だ。今は、慢性的な供給過剰状況のため量販店など大口の買い手側が強く、彼らの意向で価格が形成されているといってよいだろう。また、かつては天候異変などによる価格の乱高下は、二週間から一カ月間は続いたのだが、最近は数日程度の短期的な乱高下が多いことに気づく。この背景には、生産者、流通事業者のリスクマネジメントの向上と農協組織間や流通事業者間の相互補完機能の普及が進んでいることを示している。市場の需給調整機能と需給バランスによる価格形成機能が失われていくなか、個別のバリューチェーンのなかでの需給調整機能が強化され、価格の安定化を図ろうとする動きが進んでいることの証でもある。

また、留意が必要なのは、市場における競争率が下がり、ほとんどの取引が相対《あいたい》取引となっている現状においては、競争の存在を前提にした「無条件委託販売」という方法はすでに破綻しているということだ。本来ならば、生産者はJAに対して最低販売価格や返品なしといった条件を課した条件付委託販売方法の導入を求めるべきなのだ。相対契約において一方の当事者が無条件委託方式をとっていることは、通常であれば考えられないことだ。このことにJA傘下の生産者が気づく必要がある。

コメの市場

コメについては、二〇一一年に先物取引市場が試験的に七二年ぶりに開設され、二〇一三年にはさらに二〇一五年までの試験期間の延長が認められた。しかし、価格決定権の喪失を恐れた全国農業協同組合中央会の反対もあって、月間取引数量は七万トン前後（年間生産高の一パーセント程度）にとどまっている。

農協組織はさまざまな反対理由を主張しているが、どう考えても、合理的、論理的な理由はみあたらない。現に戦時体制となった一九三九年に廃止されるまで、長い間、日本のコメは先物取引市場によって、需給調整と価格形成という市場機能を担保してきたのだから説得力がないのも致し方ない。

また、農協組織のコメの集荷率が年間生産高の四〇パーセント前後（二〇一三年産米連合会集荷量二八九万トン）まで減少した現在、農協がコメの価格形成権を持っているとはいいがたい状況にある。新米が穫れる秋口に各農協が組合員農家に仮払金を支払うのだが、その価格を農家や流通事業者が今も気にしているのは確かだ。しかし、その仮払金額が精緻な需給に関する情報分析や戦略に基づいて決められているのかというとそうではないのだ。農協にとっては、仮払金の財源は予算で決められており、三年で清算する仕組みとなっている。この結果、二年間仮払金の金額を引き上げては、三年目には極端な引き下げを行い、結果としてコメ価格の暴落を招くということを繰り返してきたという経緯もある。最近では、毎年九〇万トンの備蓄米を持つという供給過剰な状況が続いていたにもかかわらず、二〇一一年、二〇一二年と仮払金額を大幅に引き上げ、二〇一三年に仮払金額を急激に引き下げた結果、コメ価格の暴落を引き起こし、市場を混乱させている。また国やJAは補助金を使った転作誘導施策を行うとともに、一部のコメを流通市場から隔離するさまざまな手立てを行っている。しかしこれらも緊急避難的対応であり問題の先送りでしかないため、結局は後の混乱を引き起こす要因となっている。

農家からコメの販売委託を受け、その手数料を販売価格から天引きすることによって収益を上げている農協にとっては、コメの価格を高く維持することが至上命題なのだ。減反政策によっても供給過剰状況をなかなか解消できないなか、市場に価格形成を任せてしまうとコメ価格がさらに下落する可能性が高いため、何としてもコメの価格を高値で維持したいと考えるのは仕方のないところだ。

しかし、市場の健全化、消費者の利益確保、組合員である農家の自立と利益確保のためには、先物取引市場に積極的に参加し、組合員のために市場情報の収集・分析・提供、戦略的助言などの支援を行うのが農協の責務だと思う。また、そのことが生産者自らの経営判断による作付品目の変更と生産調整を実現するために必要不可欠な環境整備につながるのだ。

コメに限らず先物取引市場では、現物を持っているものが強い、つまり損をするリスクが少ないというのが常識だ。コメの価格が下落する予測ができれば、価格が高いうちに売り抜ければよく、逆にコメの価格が上がると予測するなら契約時期を先延ばしし、現物を持っていればよいのだ。しかも先物市場では現物での清算が可能だ。つまり、作況状況や市場動向に関する情報を的確につかんでいれば、コメという現物を持っている生産者のリスクはきわめて少ないのだ。農協が農協組織だけの目先の利益だけではなく、組合員の利益、中長期的な農協組織の利益を考えれば、先物取引市場に反対する理由はないのではないかと思われる。

もう一つコメの先物取引市場についてふれておきたいことがある。それは、このままでは、日本の先物市場がアジアを中心としたコメの国際市場の中心となるチャンスを失うことになるということだ。国際的なコメの需要が拡大している現在、しかも円安が続くなか、日本がコメ市場でイニシアティブを取るチャンスなのだ。しかし、肝心の農協組織が反対しているのだから話にならない。日本がこのような事情で手をこまぬいている間に、中国が先物取引市場を開設し、アジアのコメ市場の中心となる可能性が出てきている。農協組織は中長期的視野、国際的視野から、先物取引市場への参画を真剣に再考すべきだと思う。時間は限られている。

ここまで日本の農産物市場の現状について述べてきた。日本の農産物市場は、需給調整と需給バランスに基づく適正な価格形成という本来的な市場機能を喪失し、混乱した状況にあるということを理解してもらえたのではないだろうか。

こうしたなか、契約栽培により生産者と流通事業者がどのように価格を決めていくのか、両者の英知が試されている。多くの生産者と流通事業者は、市場相場価格やコメの仮払金額に右往左往しているのが現実だ。しかし、そうした状況のもとでも、生産者、中間流通事業者、実需者がともに話し合い、協力し、生産コスト、流通コストをできるだけ引き下げる努力をしながら、それぞれの収益を確保するという取り組みを進め始めている。

流通業界の再編淘汰が進むなか、各実需者、各中間流通事業者を中心としたサプライチェーンごとに、こうした生産者との連携強化の取り組みが進められている。今後、こうした動きはますます加速し、増えると予想される。本来は、生産者が品目ごとに連携組織を作れば、生産側主導のサプライチェーンを作ることも可能だと思うのだが、地域単位の農協組織に慣れていることもあってか、地域という枠を超えて生産者同士が品目別に連携することはなかなか難しいようだ。政策議論では活発な議論ができ、連携もできているのだが、残念なことに経営に関しては、生産者同士率直な意見交換をするのは不得意なようで、ビジネスでの連携はまだまだ先のことになりそうだ。

4　減少する農地面積

耕作放棄地の生まれる原因

近年、約四〇万ヘクタールにもなる耕作放棄地の問題がよく取り上げられる。しかし日本農業にとって最大の問題は、耕作放棄された農地ではなく、日本の農地面積そのものが減り続けているということなのだ。

農林水産省の耕地および作付面積統計によれば、一九六一年の日本の農地面積は六〇九万ヘクタール。それから五〇年を経た二〇一一年には四五六万ヘクタールとなり、一五三万ヘクタールも減少しているのだ。この一五三万ヘクタールというのは、ほぼ岐阜県の面積に匹敵する広さだ。耕作放棄地の四倍もの面積の農地がまさに消失しているのだ。これらの農地は、どこへ消えたのか。実は、宅地や商業施設用地などに転用されているのだ。

この農地の消失という本題に入る前に、まず、耕作放棄地について考えてみたい。農林業センサスによれば、耕作放棄地の約半分は離農した土地持ち非農家の所有する農地で、四割は小規模農家や兼業農家の所有地である。耕作放棄されるのだから山間部の不便で小規模な農地がほとんどだと思われるかもしれないが、実は約半分が平坦な農業地域と都市部の農地だ。なかには、戦後、大規模な公費を投入して開発造成された農地もある。当時、国は急傾斜地を造成し、傾斜の緩やかな土地にすれば作業効率があがるという理由から大規模な農地整備事業を各地で行っていた。ところが、大切な表土を削ってしまったり、気象条件のとても悪いところだったり、とても農業ができない大規模農地が全国のあちこちにできあがってしまったのだ。その結果、巨額の公費を投入した耕作放棄地が生まれたというわけだ。

なぜこうした耕作放棄地が生まれるのだろうか。よく、その理由として、後継者不足、高齢化、過疎化などの理由があげられる。しかし、それらは耕作放棄地が増えた理由や原因ではなく、耕作放棄地と相関関係はあるが同時進行してきた現象でしかない。疑問に対する答えにはなっていないのだ。問題の本質に迫るためには、もう一歩踏み込む必要がある。高齢化も過疎化も農業を継承する後継者がいないから、もしくは離農する農家が多いからだ。ではなぜ後継者がいないのだろうか。理由は一つしかない。農業では十分な所得を得られないからだ。小規模な兼業農家では、給与所得などを農業の赤字補てんのためにつぎ込まなければならない場合が多い。耕作放棄地の問題を論ずるならば、小規模な農業経営ではいくら努力をしても十分な所得をあげることはできないという問題の本質に目を向けなければならない。

さて、もう一つ気をつけなければならないのは、この耕作放棄地の再利用に多額の税金がつぎ込まれていることが妥当なのかどうかという問題だ。二〇〇九年に農林水産省が行った耕作放棄地の現地調査の結果では、約半分の一五万ヘクタールの耕作放棄地が農地として再利用すべきであると結論づけられ、耕作放棄地の再生に国や自治体が公費を注ぎ込んでいる。もちろん、耕作放棄地が耕作地に隣接している場合には、耕作放棄地が原因となり周辺の耕作地に病害虫や鳥獣による被害を与える恐れがある。また、傾斜地では土砂崩れや鉄砲水を引き起こす原因となるといった恐れがあり、適正な管理や再利用を図る必要性は高いといえる。そうした防災の観点からの公共的対応策は必要だと考えるが、その場合においても当該耕作放棄地所有者に公共的対応策に必要となる財源にかかる一定の負担を求めるべきだと考える。耕作放棄地の所有者に対し追加税もしくは負担金を支払うか、農地バンクあるいは耕作希望者に農地を譲渡する、もしくは賃貸するかの選択を迫る仕組み作りが必要だろう。

しかし、耕作放棄地が増えるのを止める根本的な方策、つまり事業を継承できるだけの所得を得ることのできる農業経営体を増やすための施策に重点を置かない限り、この問題は解決しないということを認識しておくことが重要だ。

転用される優良農地

さて、本題の一五〇万ヘクタールにもおよぶ消失農地の問題に移ろう。この消失農地の多くは、住宅用地、工鉱業用地、道路・鉄道用地、駐車場・資材置場、店舗施設用地、公的施設用地などに転用されている。それらの用途から考えても、都市部、平野部の平坦で条件の良い農地が失われていることは明らかだ。つまり経営の効率性という面からみれば、条件の良い優良農地が失われてきたことになる。

農地法上、農地の転用は原則不許可とされている。しかし、人口が増加し住宅地ニーズが拡大する、あるいは道路や鉄道や公共施設の整備を進める必要がある場合など、時代の要請に応じた有効な国土利用を実現するためには、農地の立地条件などを考慮したうえで許可できることとなっている。

ところが、農林水産省の農地の移動と転用に関する二〇〇〇年以降のデータによると、現実にはそうした効率的な国土利用上の転用ニーズが多いだろうと考えられる市街化区域内の農地転用面積は、転用面積全体の四分の一程度にとどまっている。つまり、保全することが優先されるべき優良農地の転用が多く認められているということなのだ。さらに、転用面積の約半分が田の転用だ。まさしく平坦地の優良な農地が転用されていることがよくわかる。

こうした現実を前に、農地転用制度の運用が厳正に行われていないのではないかとの批判があるのは当然だろう。とくに批判されているのは、農家自身が農地を宅地などに転用し、売却あるいは賃貸することにより資産や所得を得ることである。キャピタルゲイン、つまり農地の売却利益を得ることが目的の転用が認められ、結果として優良農地が減少し、一団の農地の分断が進んでいるという問題だ。

実際に、こうした事例は枚挙にいとまがないほどあるというのが現実だ。自作農主義の

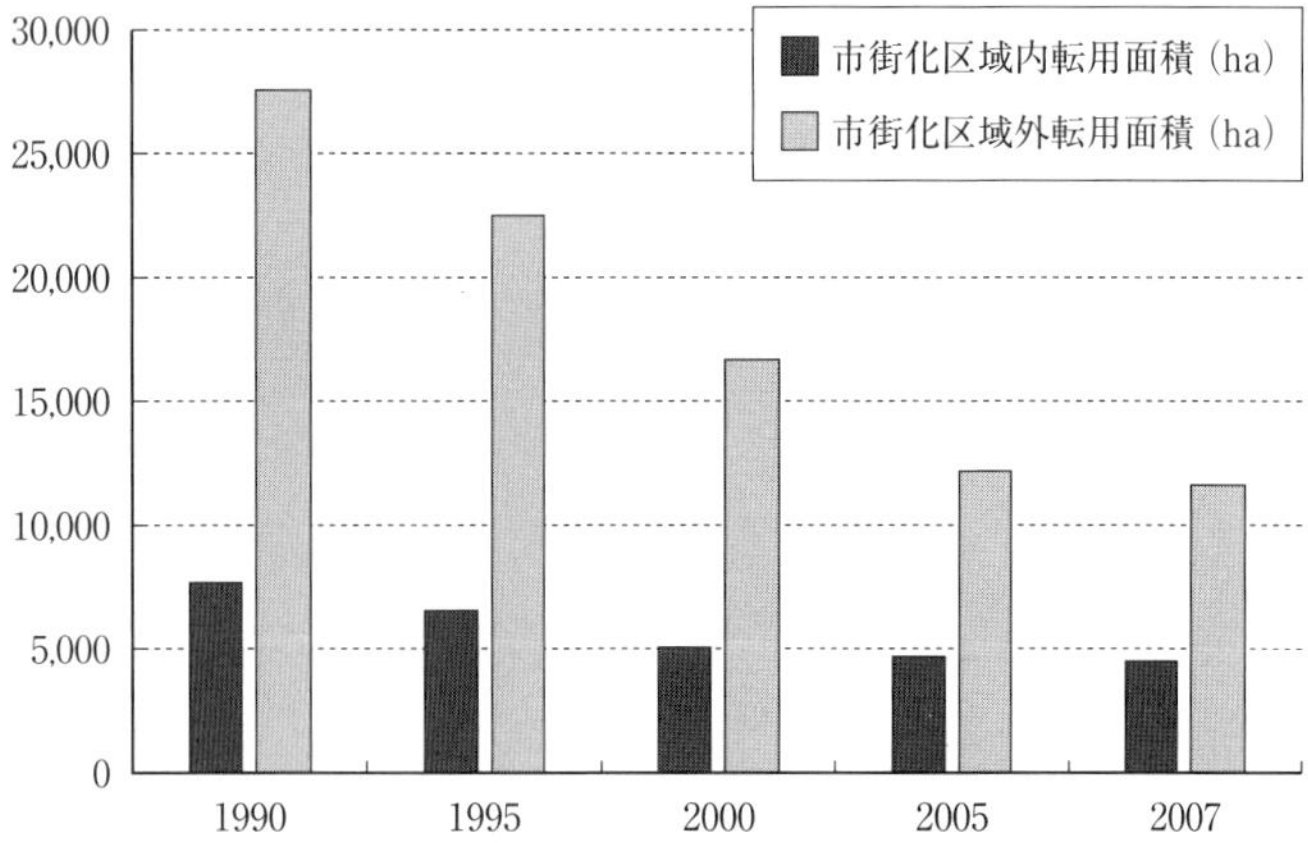

図２　市街化区域内外の農地転用面積
出典：農林水産省『土地管理情報分析調査』「農地の移動と転用」をもとに筆者作成。

日本では、農地はあくまでも私有財産であり、その公益性についての意識はあまりにも希薄だ。農地法の立法精神は、転用制度の杜撰な運用により、いとも簡単に踏みにじられているのが現状なのだ。

幸い、こうした農地の転用面積は近年減少傾向にある。しかし、前述したような批判に応えて農地転用制度が厳格に運用されるようになったからではなく、景気の低迷や地方の人口減少により転用圧力が減ったからにすぎない。

日本農業の経営の効率化のためには、平坦地の優良農地の保全とその集約化は最重要課題である。その意味でも農地の転用制度の適切な運用を担保すること、杜撰な運用をもたらしている現在の転用制度の運用体制を見直すことは、きわめて重要な課題だといえる。

農地の流動化・集約化が機能するには

農地の減少問題について、もう少し視野を広げて考えておくことが必要だ。具体的には、農地面積と農業就業者人口の変化について、カナダ、フランス、ドイツといった農業の盛んな先進諸国と日本のデータを比較してみたい。

ＦＡＯのデータに基づき、各国の一九九〇年の農地面積を一〇〇とした場合の二〇一二年の指数を試算してみる。一〇ポイント以上減少しているのは、日本と米国の二カ国で、日本は八六、米国八四となっている。英国は一旦大きく減少したものの二〇一二年には増加に転じており、フランスにいたっては逆に一・六ポント増えている。

農業就業者人口については統計の取り方が異なるため、ＩＬＯのデータに基づき第一次産業就業者人口比率の一九九五年から二〇一二年にかけての推移を見てみると、いずれの国も減少傾向にあるが、日本の減少率が一番少ないことがわかる。

これは何を意味しているのだろうか。日本以外の国は農地の流動化、集積がうまく機能

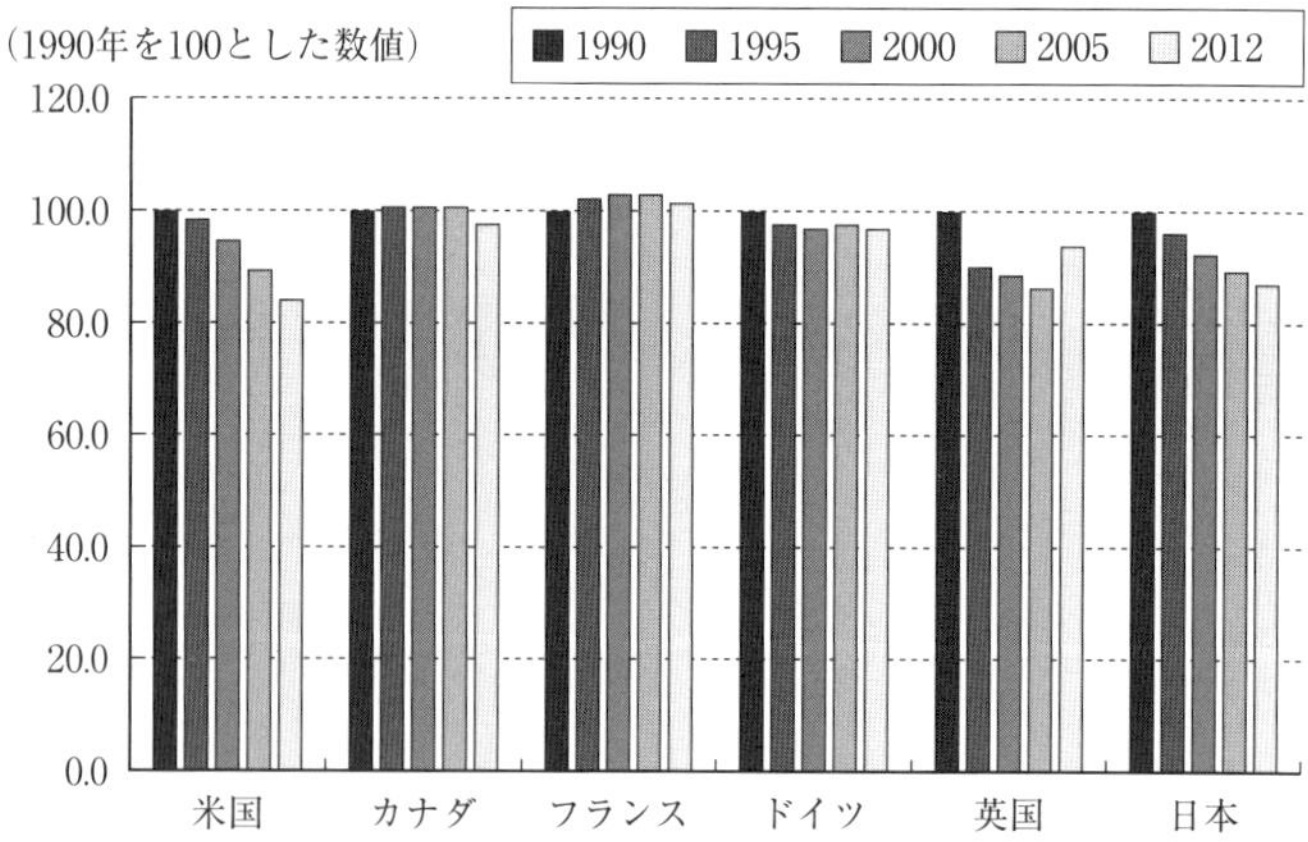

図3　先進国における耕地面積の推移

出典：FAO統計をもとに筆者作成。

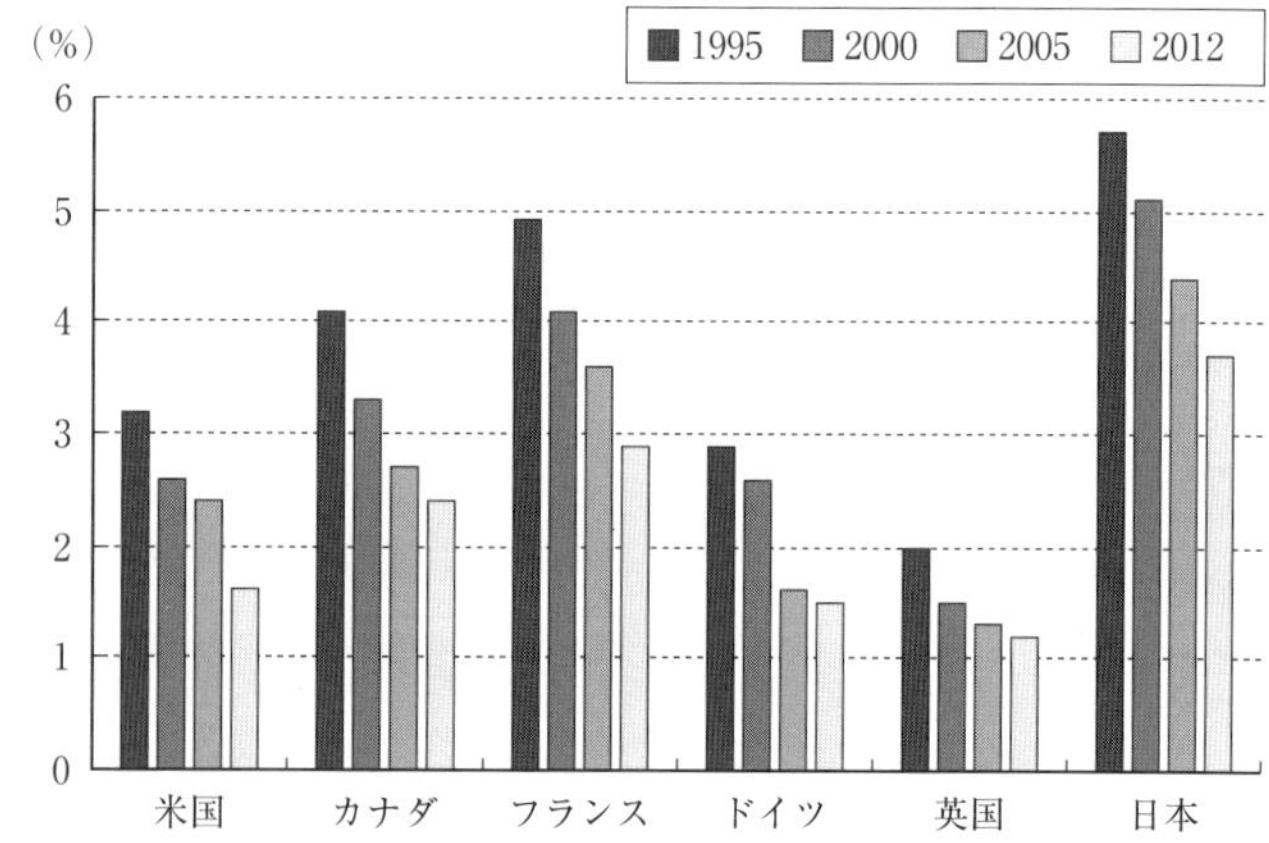

図4　先進国における第一次産業従業者比率の推移

出典：ILO統計をもとに筆者作成。

しているということだ。つまり、離農する農家が増えても、その農地を別の生産者に賃貸、あるいは売却し農地を保全利用するという仕組みがきちんと機能しているということだ。一方、日本では国がさまざまな農地流動化のための施策を打ってきたにもかかわらず、いずれもうまく機能せず、転用制度の杜撰な運用もあって多くの優良農地が失われてきたということなのだ。

それでも、一九八〇年代後半以降は、農業法人を中心に農地の賃借などにより経営規模を拡大する経営体が増加傾向に転じている。残念ながら、この動きは国の施策によるものではなく、実態的には農地所有者と借り手の農業法人や専業農家の自主的な契約によるものだといえる。

近年は、専業農家や農業法人の廃業により、一〇ヘクタール単位の大規模な農地が、しかもまとまった一団の農地として出てくるケースが増えつつある。こうした状況のなか、本来ならば国の農地集積のための事業制度が機能するはずなのだが、現実にはほとんど機能してこなかった。二〇〇九年に創設された農地利用集積円滑化事業は、予想通り過半の地域で農協に丸投げされた結果、逆に農業法人の農地集積の障害となってしまった。農協にしてみれば、当然、農協の組合員である専業農家に農地を集積しようと考える。ところが、農地の引き受け手となる余力ある専業農家が少なかったのだ。また、近隣の農家に賃貸するより、しがらみのない農業法人に貸した方がビジネスライクに処理できるという農地の所有者である農家の意識が障害となったとの意見もある。この事業についても、規制制度改革委員会の農業ワーキンググループで議論され、このような問題が起こる可能性を指摘していたのだが、まさしくその予想通りの結果となった。

二〇一四年から導入された農地中間管理機構制度は、農地所有者から機構が農地を借り入れ、耕作者ごとに分散化していた農地をまとめなおして団地化したうえで、耕作希望者に貸し出すということを目的としたものだ。その際に、貸出側の農地所有者と借り手となる耕作者にも誘導措置として補助金が交付される。実際にこの制度を利用している生産者に話をきくと、農地所有者と農地を借りている耕作者が話し合い、一旦中間管理機構に農地を預けて、農地所有者、耕作者側ともに補助金をもらったうえで、もとの耕作者が中間管理機構から農地を従前の形のまま借り受けているというのが現実だという。これでは、農地の集積、一団化という本来の目的を果たさないまま、補助金だけが支払われていることになるのだが、中間管理機構としては、予算の消化と実績作りのためにそうした現実を黙認しているというのが実態のようだ。制度案が提案された時点から心配されていた問題が現実のものとなってしまったわけだ。

このように国の制度があまりその機能を果たしていないにもかかわらず、近年農地の集積は順次進んできている。二〇一二年の農地の有償での所有権移転と利用権設定の合計面積約二〇万ヘクタールで、二〇〇九年から三年間の伸び率は一六パーセントとなっている。こうした経緯や状況を考えると、農地の流動化・集約化については、一定の制約のもとで思い切って民間に任せてしまった方が良いのではないかと思える。国や自治体、農業委員会などの公的機関は、農地の賃借料や売買価格の高騰抑制、適正な権利移動や権利設定の監視などチェック機能を果たすことに専念した方が良いのかもしれない。また、農地所有者に対する誘導策としては、これまでのような補助金のばらまきではなく、団地化した場合には固定資産税や所得税などの優遇措置を講じるなど、モラルハザードの起こらない手法を検討すべきだろう。さらに、耕作を一定期間以上放棄し、適切な管理を行わない場合には、自治体が所有者から管理費を徴収し、管理を民間に委託するなど、所有者に対し適切な管理や耕作者への権利移動や権利設定を促す措置も考える必要がある。

民間企業に流動化、集約化の業務を任せるにしても、民間企業の農地所有や売買を認めるには法改正が必要であり、なかなか難しいだろう。しかし、一定の制約下で斡旋・仲介業務の事業化（手数料収益をとることも含め）を認めることは可能だと思う。実際に農協は組合員の資産管理や資産運用の支援という名目で、宅地などに転用した元農地の斡旋や紹介を行い手数料収入も得ている。手数料額について上限額を定めたり、一定面積以上の農地の団地化に成功した場合には手数料の上限を引き上げるなど、一定の制約と誘導措置を講じるならば、民間企業の参入が期待できると思われる。もちろん、農地の権利移動や権利設定にかかる法規制の適用が厳格になされることが当然の前提である。

この民間活力の導入に関する議論については、いつも民間に任せること自体が問題視される。いわゆる企業性悪説だ。しかし、議論のすり替えでしかなく、合理的な根拠のない主張だ。厳格な法規制のもとで行われるのであれば、農協と民間企業を区別する必要性はまったく見あたらない。

制度を運用する組織

さて、農地の転用制度の厳格な運用をいかに実現するのかについて考えてみよう。

農地の転用に関する認可権限は、都道府県知事にある。しかし、実際には事前に転用申請の審査を行う各地域の農業委員会の決定を都道府県知事が覆したという事例は皆無といって良い。つまり、農業委員会が実質的な権限を有しているといえる。

農業委員会は、その地域の農家の互選によって選ばれた委員で構成されている独立した行政組織だ。農家以外にも、有識者という名目で、自治体の議員や農協組織の役員や幹部ＯＢが選ばれている。つまり地元の農業関係者、いや農協関係者で大半が占められているということになる。実は、この仕組みに大きな問題があるのだ。

まず、地元の農業（農協）関係者で構成されている点だ。転用の申請者は顔見知りの組合員農家ということになる。はたして、厳格な審査により申請にＮＯといえるだろうか。地域の人間関係のしがらみの前に、なかなかそのような判断ができないであろうことは誰でも想像がつくはずだ。農業委員の問題というよりは、そもそも仕組みに問題があるのだ。

二〇一四年の国の農業改革案では、農業委員会を行政独立委員会ではなく、市町村の組織に再編するという案が提示されている。しかし、委員会の構成メンバーが地元の農業関係者のままであれば、結局この問題は解決できるはずがない。都道府県知事の認可権限であることを考えれば、都道府県の所管する委員会とし、地域的なしがらみのない委員で構成すべきだろう。それでは、地域の実情を審査に反映できないというのであれば、転用申請のあった農地のある市町村や地元の農家、農協、農業法人などから参考意見を聴取する機会を設ければ良いはずだ。

次に問題なのは、事務局機能の拡充だ。近年、農業委員会の権限や業務が強化されたにもかかわらず、関係予算は減少し、市町村の職員が務める事務局の人員も減少する一方だ。このため、農業委員としての役割を真面目に果たそうと奮闘する農家は、本業である農作業にも支障をきたすほど忙しいのが実情である。行政独立委員会ではなく、市町村よりも予算、人員にまだ余裕のある都道府県の委員会組織とすることによって、こうした問題を解決できるのではないだろうか。

5　農協問題と農業経営

農協組織の仕組み

最近、農協組織の改革が日本農業の成長戦略には不可欠な問題であると位置づけられ、大きく取り上げられている。この動きは海外でも注目されており、筆者にも海外のテレビ局からの取材申し込みがあった。筆者は二〇一二年まで政府の規制改革会議の農業ワーキングチームの主査委員を務めていた。当然、農協問題は重要な案件として、ずいぶん前から長く議論されてきており、あとは政府と農協組織自身の決断次第という状況だった。だから、今回の改革案も別に目新しいものではない。

では、なぜ今、政府が農協改革をこれほど大きく取り上げているのだろう。答えは一つ、農協組織がすでに疲弊しその政治的影響力が弱まったからだ。農協組織は、すでに日本の農業ビジネス・シーンにおいて、かつてのような大きな障害ではなくなっている。正組合員数は急激に減少し、単位農協の直販率は上がり、全農の集荷率は低下、経済部門は慢性的な赤字を抱えている。政治的影響力の根源だった選挙における集票力も急落した。単位農協の多様化と自立化も進み始めている。従前の農協組織の崩壊と単位農協の構造改革はすでに現場で始まっているのだ。つまり、農協組織の改革などといった大仰なものではなく、すでに疲弊した旧い枠組みの崩壊と改革へのスピードをほんの少し加速させるだけに過ぎないのである。

農協組織は現在さまざまな問題に直面しているが、その問題の本質はどこにあるのだろう。農協の歴史的、制度的、政治的な問題に立ち入るにはとても紙数が足りないので、農業経営に関わる農協組織の実態面について考えてみたい。

まず、基本的な仕組みについて簡単に説明しておこう。農協組織の営農部門、経済部門、つまり農業経営にかかわる部門の基本的な機能を整理すると、まず一つめは営農指導と呼ばれている機能。組合員である農家に対し、新たな栽培技術や新たな作物、品種の導入を指導する役割だ。二つめに、経済部門の共同販売、共同購入と呼ばれている機能がある。農家の作物を集荷して市場等に販売する、農家が必要とする農機具や肥料、農薬などの農業資材を購入し農家に供給するという役割だ。

つまり、小規模な自作農農家が、共同して農作物を販売し、資材を購入することにより、一つの農家では脆弱な経営力を補っていこうという目的で作られた組合組織が農協だといえる。この地域単位に作られた農協組織を単位農協という。

この農協には、ほかに農家に資金供給をする金融（信用）部門、共済保険を運用する共済部門がある。歴史的に見ればこれらの機能が農協組織の原点だということができる。自作農として歩みだした生産者が生産活動を始めるには、まず、肥料や農機具を買う資金を供給することが必要だったからだ。この経済部門が都道府県単位で連携して事業を行うために作られたのが経済組合連合会（経済連）であり、その全国組織が全国農業協同組合連合会（全農）という組織だ。ちなみに、金融部門の都道府県単位の組織は信用農業協同組合連合会（県信連）、全国レベルでの機能を持っているのが農林中央金庫（農林中金）。共済保険部門では、都道府県単位の共済農業協同組合連合会と全国共済農業協同組合連合会がある。

正組合員数の減少

農協が直面している問題の内、きわめて重要な問題だけを見てみよう。その一つは、正組合員数の減少問題である。一九六〇年には五七〇万人いたのだが、二〇一二年には四七〇万人まで減少している。しかも正組合員の内訳を見てみると、二〇〇〇年の資料では、専業農家と第一種兼業農家の合計が二一パーセント、第二種兼業農家が三六パーセント、自給的農家が一七パーセント、土地持ち非農家が二六パーセントとなっており、とても生産者の組織とはいえない状況になっている。

准組合員という制度もある。農業者でなくても出資金を払えば加入ができ、議決権などはないのだが、農協の行っているさまざまなサービスを受けられるという制度だ。この准組合員数が正組合員数よりも多くなっている（二〇一二年で約五〇〇万人）ということが問題にされることがある。しかし、正組合数が減るなか、金融や保険事業を持続していくためにはやむを得ないのではないかと考える。

もちろん、農業協同組合の農家のためにという設立趣旨からすると根本的な問題があることは事実だ。もし、この准組合員制度が法的に認められないと判断されれば、金融事業、保険事業、経済事業を分離するか、農協組織ではなく株式会社化しなければならない状況に追い込まれることになる。「総合農協」という現制度の抜本的な見直しが必要となるのだ。このため二〇一四年から始まった農協改革議論でも、この問題はうやむやのまま先送りされることとなった。いったん組織を作ってしまうと、組織そのものの自己保全と増殖が優先順位の第一位になってしまうのは世の常である。

さて、正組合員数の減少の原因は、離農する組合員農家が増えていることにつきる。現在の組合員の高齢化率の高さからすれば、今後加速度的に減少していくことも予想される。経営規模を拡大したことによって、自ら資材の購入、資金の調達、農産物の販売を行えるようになった専業農家や農業法人が増加したため、組合から離脱する者が増えたとの指摘があるが、実態は組合から脱退した事例は少なく、農業法人にしても経営者個人は組合員のままであるケースが多く、組合員数の減少の主要因とは考えらない。

あるシンポジウムでパネラーをつとめたときに、同じくパネラーだった農協の組合長が、「零細農家や兼業農家ばかりが組合員に残り大変だ」と発言した。営農部門や経済部門の赤字が膨らんでいくばかりだというわけだ。

実は、農協関係者の間では、経済部門、営農部門が赤字になるのは仕方がないという考え方が常識になっている。正確な数字はわからないが、毎年金融部門などから赤字補てんのための巨額の資金が融通されている。厳しくいえば、経済部門の基盤である組合員の所得向上のために自ら努力をしてこなかったツケでしかないのだが。

一方、組合員のためにという原点を忘れず、時代のニーズに応じて従前からのやり方を転換し、創意工夫を重ねてきた農協では、経済部門を黒字化し、その収益で営農部門の経費もカバーできているところがある。私が親しくさせて頂いている千葉県と熊本県の二つの農協は、直販率がほぼ一〇〇パーセントであり、農家から農産物を自ら買い取り、販売、加工を行うなどの努力で黒字化を実現している。何よりも農協職員が農家と一緒になって地道な営業努力を行い、契約栽培についても企業との仲介をするだけでなく、農家をとりまとめロットを確保し、農家・企業・農協の三者契約を締結するなど農家の支援を積極的に行っている。こうした農協は他にも少数ながらある。

ただ、前述した組合長の発言は、農協という組織の根源的な問題を示唆していることに留意が必要だ。農協組織が、農家みずからが作った共同組織であるという原点に戻って考えてみると、組合員が農協に依存しなくても自立的に経営できるようになることは、組合創設時の究極の目的を達成したことになる。もし、組合員全員が経営的に自立できたら、組合員自らの意志で組合を解散して良いということになる。そういう意味では組合組織そのものが根源的な矛盾を内包しているということができる。

もちろん現実には、小規模な農家は少ないながらも残るだろうし、自立した生産者や市場のニーズに応じた農協の新たな役割というものがあるはずである。そうした変化に対応していくことができれば、地域農協は今後も必要とされる存在であり続けることが可能である。ただし、それを実現できるかどうかは、組合員である生産者と農協職員の意識改革如何にかかっている。

集荷率の減少

もう一つの問題は、組合の農産物の集荷率が減少していることだ。

この問題を考える前に農産物の集荷販売の基本的な仕組みを知っておく必要があるだろう。農家から農協に集められた農作物は、形式上、上位組織である経済連や全農を通して市場等に販売される。留意しなければならないのは、農協が農家から農作物を購入し、それを販売しているのではなく、農家が農協に対し販売委託をしているということだ。市場で値がつけられると、全農や農協の手数料とともに、農家が農協から購入した資材費や農協が負担した輸送料などが天引きされ、農協に開設してある農家の口座に残額が振り込まれることになる。市場での値づけに対して、農家は、販売最低価格など何も条件をつけていないため無条件委託販売と呼ばれている。最近はこの方式とは異なる販売方式も増えつつあるが、これまでは原則としてこの方法が取られてきた。

さて、コメの集荷率の推移を見てみると、全農推計によれば二〇一一年のコメの全農集荷率は三二パーセントとなっている。一九九四年の同集荷率が六二パーセントだったから、三〇パーセント、数量にして四七〇万トンも減少しているのだ。この要因は、生産者による直接販売や単位農協の直接販売の増加だ。とくに単位農協の直販率が増加しているのが目立っている。

生産者からすれば、無条件で販売委託するよりは、多少経費がかかっても自ら契約交渉を行いより良い条件で販売した方が収益の拡大につながる。単位農協にしても同じで、中間流通事業者や実需者と直に取引できるのであれば、形式的に経由しているというだけで上位組織に手数料を取られるより、直接販売することにより、少しでも組合員の手取りを増やした方が良いに決まっている。最近ではインターネットの普及により、生産者や単位農協が通販事業で直接販売するケースも増えてきた。

こうした動きの背景には、コメ価格の下落が続いていること、外食などの実需側や卸業者など中間流通事業者からの直接取引の要望が増加したということがある。彼らにとっても、単位農協から一定のまとまった数量を買えるのであれば、経済連や全農を通すことの意味が少なくなってきたのだ。

また、最近では、農家からコメを買い上げる買い取り販売方式を導入する単位農協も増えてきた。このことの意味は意外と大きい。多くの農家は気づいていないかもしれないが、無条件委託販売の場合には、市場に着くまでの間に生じるリスクやコストがすべて農家の負担だったのだ。たとえば輸送費はもちろん、輸送の途中での事故などでコメ袋が破損し売れなくなった分の減収も生産者の負担になっていた。買い取り方式だと、買い取った農協や企業側が集荷場から川下で起こるリスクやコストを負担しなければならないことになる。

このように農協組織は単位農協レベルでの多様化が進んできているというのが現状である。もはや「農協は……」などと画一的に語れるような状況ではないのだ。戦後の農地解放により生まれた自作農の協同組織として作られた農協組織とその事業の仕組みは、組合員である農家の減少、組合員の自立意識の拡大、そして流通、市場、消費の仕組みやニーズ、意識の変化により、すでに制度疲労を来たし機能不全に陥りつつある。まさしく、時代の変化に応じた改革を怠ってきた結果だということができるだろう。そうした状況下で、生産現場に身を置く単位農協のなかから、危機感を持ち、旧態依然とした上位組織に見切りをつけ、生き残りをかけた改革に取り組む農協が出てきたのは当然といえる。

もっとも注目すべき動きの一つは、前述してきたように、農協組織、とくにＪＡ全農の存立基盤である共計制度（生産者間の手取り額の差を平準化する制度）、無条件委託販売制度からの脱却の動きだ。農家や単位農協が、消費者に直接販売する直売方式、農家や単位農協がＪＡ全農を通さずに直接流通事業者や実需者と契約し生産・販売する直販方式、単位農協が農家から買い取り、自らの責任において販売する買い取り方式等を採用する農家や単位農協が増加している。これらの方式は、農家や農協が自らリスクを取り、価格交渉の当事者となり営業活動を行うことを意味する。つまり、ＪＡ全農の営業力への不信感がその根底にあることになる。農協組織は農家の手取り額がどんなに少なくとも一定の率のマージンを天引きすることができる。この制度への甘えの構造が、農協組織の営業努力の不足につながり、ひいては農家所得の低迷を招いた元凶だと農家や単位農協がみなしているのである。

二〇一五年に成立した第二次安倍晋三内閣の農協法改正案では、農協の事業目的として「農業所得の増大その他農業者の利益の増進」「的確な事業活動により利益を上げ、その利益を事業への投資や組合員の利用、高配当に充てる」という旨の内容が盛り込まれている。わざわざこうしたことを明文化せざるを得ないほど、農協組織と組合員である農業者との利益乖離が進んでいたということである。

また、今回の農協改革で注目されるのは、同改正案で理事の資格要件として、理事の過半数を原則として認定農業者や販売・経営のプロとすることを目的とする規定が盛り込まれた。ニュージーランドの酪農組合であるフォンテラ（Fonterra Co-operative Group Limited）では、国内外の企業から経営トップを招聘している。また、日本の単位農協でも先駆的な動きをしている農協には、経営感覚に優れ、既存の制度や既得権益に執着しない組合長が必ず存在する。人事・予算権限が集中する単位農協の組合長に、こうした人材を確保できるかどうか、この規定の実効性が今後問われることになるだろう。

もう一つ注目すべき動きは、前述した農協が出資する農業法人の増加だろう。全国で約三〇〇の農協出資農業法人がすでに設立されている。これらの農業法人は、設立経緯も、組織形態もその役割もさまざまだ。なかでも注目すべきなのは、作業受託や生産受託、農地の借り入れにより生産活動を行う法人だ。こうした農協出資法人の増加の背景には、離農する農家や高齢化し後継者のいない農家が増加するなか、彼らの農地を引き受けてくれる専業農家や農業法人がいない地域も多いという事情がある。農協がその受け皿を作らざるを得ないわけだ。

全国に一万社あるともいわれる農協経済部門の関連法人の数に比べれば、まだまだ少ないものの、今後、営農部門の農協出資農業法人の設立はさらに加速するものと思われる。

前述したように今回の農協改革では准組合員制度の改革は見送られた。この准組合員制度は、「地域に根差した農協」を合言葉に農業者以外の顧客獲得を目的として金融部門と保険部門に重点を置き、その一方で、農業者支援のための営農部門、経済部門をおろそかにしてきた農協組織の象徴的な制度である。今後、営農部門、経済部門の再建・拡充のための一つの手法としても、農協出資法人の設立が注目される。

自らを変えることができない者はいずれ滅びるという教訓はすべての分野に共通していえることだ。そして、改革は法制度の改変などによるものではなく、市場ニーズの変化と経済合理性によりおのずから淘汰され、生み出されて行くものなのだ。重ねていうが、革新は現場で起こり、法制度はそれを追いかけ、追認しルール化していくものでしかない。農協改革の成否は、農協職員と組合員である農業者自らの意識改革、覚悟と勇気、そして努力にかかっている。

6　経営力の強化

経営力強化は不可欠

日本農業の再生のためには、農業経営力の強化が不可欠であることはいうまでもない。ところが、この視点からの深い議論は意外と少なく、なおざりにされてきたように思われる。確かに、以前に比べれば先進的な農業経営者が増えてきたものの、その経営スキルは他分野の製造業の経営者に比較すればまだまだ低い状況にあるのが現状だ。

農業経営体の経営力の強化は、個別の経営体にとって対外的な信用力の向上につながる。その結果として、資金調達、資材調達、販路開拓、人材確保、新技術の導入、経営規模の拡大などがよりスムーズに進められるという大きなメリットがある。また、農業政策においても、保護から成長に向けた投資へと大きな転換を可能にし、公的資金のより有効な活用を実現することができる、きわめて重要な問題である。

農業は特殊な分野ではない

まず農業経営はけっして特殊な分野ではないということを確認しておきたい。よくある「農業は特殊な産業であり、ほかの産業と同様には語れない」という農業関係団体の主張が、これまで議論を混乱させ、浅薄なものにしてきたという経緯があるからである。農業の経営要素を分解し、整理してみると基本的には製造業とまったく同じであることがわかる。農業簿記が工業簿記をベースにしているのもそうした理由があるからだ。ただ、農業経営には次の二つの特徴があることに留意が必要である。

まず一つは、よく指摘される天候リスクについての特徴である。実は他の製造業にも天候リスクはある。梅雨時に雨が少なければ傘の売り上げに影響が出る、夏が暑くなければアイスクリームは売れない、という具合に天候リスクは農業経営だけの特殊要因ではないのである。しかし、天候リスクが発生するところが異なるのだ。前述した傘やアイスクリームの例でわかるように、他の製造業では市場において天候リスクの影響が出る。つまりメーカーにとっては、売上高が計画より下回り、在庫リスクが発生するのだ。一方、農業では生産工程において天候リスクが発生し、計画通りの生産量が達成できず欠品リスクが生じることになるのだ。よって、天候リスクヘッジの講じ方がまったく違ってくることになる。

もう一つの特徴は、製造しているモノが無機物なのか、生き物なのかという違いである。農作物は生き物である。そのため、成長をある程度抑制したり促進したりできるものの、成長を完全にストップし、都合の良いタイミングで再度成長(生産)を再開するということはできない。これは施設栽培でも同様である。しかも再生産までのリードタイムがほかの製造業に比べて長いのも特徴の一つだ。たとえば野菜栽培であれば、被害にあった圃場に再度種をまき、苗を植えることは数週間の準備期間で可能だが、一年一作の水田作や果樹作では最低でも一年、苗を植えかえることになれば数年間は生産できない状態が続くことになるのだ。さらに、保存期間が短いというのも、製品が生き物であるがゆえの農業の特徴である。実は、他の製造業でも発酵食品製造業などは、同じく生き物を扱っているのだが、生産作業の再開にかかるリードタイムやコストは相対的に短い。

このように、経営という視点から見れば、リスクマネジメントにおいて特徴はあるものの、他の製造業との分野間の相違の大きさと比べて、農業は格段に異なるものではないということを認識しておく必要がある。

適正な経営規模

経営規模の拡大の議論において必ず出てくるのが「経営規模が大きければ良いというものではない。小さくても収益をあげている経営体もあるではないか。だから小規模経営体を保護すべきである」という意見だ。こうした根拠のない情緒的な意見が、建設的で深い議論を妨げる場面を多く見てきたが、同じ議論を繰り返すことは不毛である。経営規模の拡大については、そろそろ議論の前提となる経営規模と経営効率の関係についての共通認識を持っておくべきだと考える。

農林水産省の農業経営統計調査をもとに水田作の耕地面積別の収益率、収益額をみてみると、もっとも収益率が高いのは、耕作面積が三ヘクタール以上一五ヘクタール未満の経営体の三八パーセントで、その収益額は二五〇万円となっている。耕作面積をさらに拡大していくと収益率は下がり始めるが、収益額は伸び、二〇ヘクタール以上では収益額は一四〇〇万円を超える。

一方で、耕地面積が二ヘクタール以上三ヘクタール未満の場合、収益率は二六パーセント、収益額は一〇四万円で、さらに面積が小さくなるとほぼ収益はないに等しい状態となる。

次に、耕地面積が三ヘクタール以上一〇ヘクタール未満を見てみると、各段階で収益率は三六パーセント以上あるものの、所得額は二五〇万～五三〇万円と、なんとか生活できる額となっている。

このことから次のことがいえる。まず、水田作においてもっとも効率の良い経営規模は三～五ヘクタールである（以下、この経営規模を水田作の適正規模とする）。適正規模以上に拡大すると収益率は下がるが、収益額は増える。ただし、適正規模のほぼ倍数で拡大すれば収益額は大きく伸びるが、中途半端な規模拡大をすると収益額の伸率は低くなる。以上が基本的な共通認識となるだろう。前述のようにとくに中途半端な規模拡大は、それによって必要となる従業員の増員や新たな機械・設備への投資などをカバーできるだけの収益があがらないため、経営効率が下がることに留意することが必要だ。また、二ヘクタール未満の小規模な水田作では、誰が経営をしても生活を支えるだけの所得をあげることは不可能だということがわかる。

さらに重要なことは、この経営規模と経営効率との関係における基本的なパターンは、他の作物の経営にも共通しているということだ。たとえば露地野菜の場合、適正規模は二ヘクタール以上三ヘクタール未満、収益率は四四パーセント、収益額は五八〇万円となっている。これ以上規模が増えると、やはり収益率は下がり始めるが、七ヘクタール以上になると収益額は一気に一〇〇〇万円近くになる。一ヘクタール未満では、収益率は高いものの、収益額が二〇〇万円以下になり経営は困難となる。

このように、農業経営については経営形態ごとに経営規模を多層的にとらえる必要がある。①どんなに努力をしても生活基盤となるだけの農業所得を得られない小規模経営体、②生活基盤になるだけの所得は得られるが農産物の価格や天候リスクによる生産量減少によっては生活が成り立たなくなる恐れのある中規模経営体、③適正規模を超え安定した経営基盤を有する大規模経営体、以上の三層に区分することができるのだ。

経営規模に応じたビジネスモデル

経営規模と経営効率の関係性について述べてきたが、ビジネスモデルという視点から経営規模をどう考えるのかについてふれておきたい。

私はかつて大学の研究所に在籍しながら経営コンサルタントをしていたとき、経営相談に来られた方には、まず次の質問をしていた。「あなたはどのような人生を送りたいと考えていますか」。なぜなら人生設計によってビジネスモデルも大きく変わるからだ。たとえば同じ水田作でも、一〇〇〇万円の所得をめざし、田舎で悠々自適の老後を送りたいと

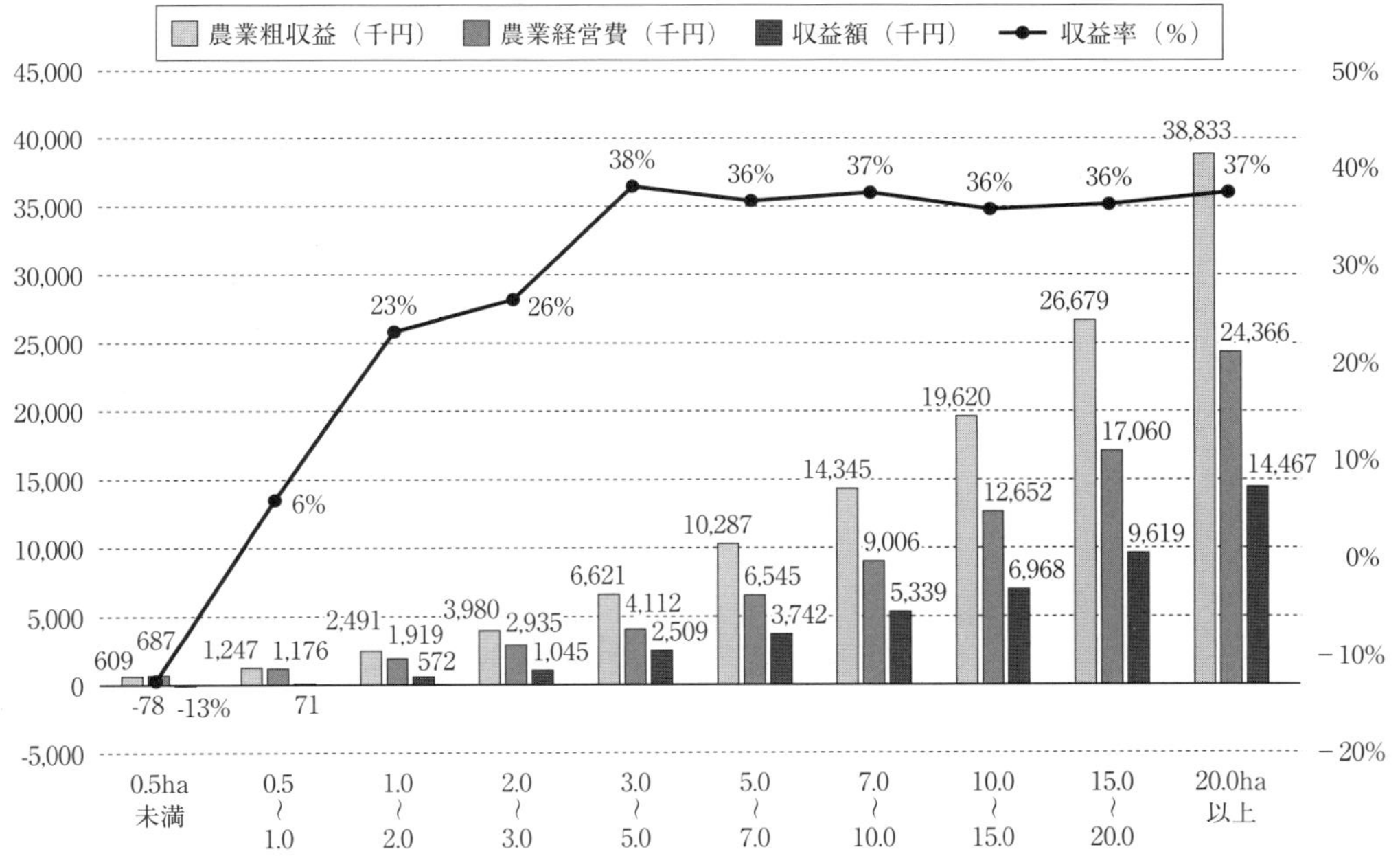

図５　水田作・露地野菜作の経営規模別収益率

出典：農林水産省『農業経営統計調査』をもとに筆者作成。

いう経営者と、何十億もの売り上げを誇る会社にし、輸出や海外での生産にも進出したいという経営者では、経営戦略も必要とされる経営スキルも、乗り越えなければならない苦労の大きさもまったく変わるということを理解してもらう必要があったのだ。経営規模が大きいか小さいかは、どちらが良い悪いという問題ではなく、まさしく経営者の人生設計によってめざすビジネスモデルの選択の問題であるということを覚えておいて頂きたい。

もう一つ、経営規模の多層性の視点から農業経営を見る場合に留意しておかねばならない点がある。それは、経営規模により、経営が劇的に変化せざるを得ないということだ。最初の段階は、耕作面積の拡大や直売事業、加工事業などの展開により経営規模が拡大するなか、常勤社員を雇用せざるを得なくなる段階だろう。この段階で、徐々に経営を組織的なものに変えていかなければならなくなる。前述したように、圃場管理に加え、労務管理、資金管理、財務管理など、さまざまな管理業務が増え、それまでの家族経営から株式会社としての組織体裁を整える必要が出てくるのだ。

さらに生産額ベースでの経営規模が拡大すると、社長一人ではとてもすべての管理業務に対処できなくなる。社長を補佐する中間管理職の人材の確保・育成が必要になってくる。この段階で、ようやくより専門的な人材の確保と緻密な経営戦略の必要性に気づくことになる。日本の先駆的農業法人のほとんどが、現在こうした段階にあるのではないだろうか。また、こうした農業法人の多くは、資本規模が小さく、耕作地の大半が賃借地であり、施設設備の整備に補助金と政府系金融機関からの融資を活用しているためさまざまな制約がかかっている。会社として資産規模は小さく、経営体力は脆弱である。経営はキャッシュフロー次第という状況なのだ。いったんキャッシュフローが滞れば経営の立て直しは難しい。

こうした状況から、今後、さらに農地の耕作権の集積が進めば、土地持ち非農家からの農地の買い取り要求圧力が高まり、農地の賃借を農地購入に切り替える必要が出てくる。ところが、地域によって異なるとはいえ、今の農地価格では、農地を購入した時点で経営が行き詰まる可能性が高い。しかも他の製造業であれば、工場の生産ラインにあたる農地について会計上減価償却ができない。つまり、農地を購入したとき一度に費用として計上しないで、長い期間に少しずつ配分して費用として計上することができない。また、所有権設定に法的規制があるため証券化・資本化することも難しい。

近年農地価格は下落しているとはいえ、農地を個人資産とみなし、農地所有者のキャピタルゲイン、つまり農地売却により利益を得ることを目的とした宅地などへの転用を認め続けることにより農地価格を長年にわたり引き上げてきたことが、大きなツケとして顕在化してくる恐れがある。

今後、農業経営者の世代交代とともに、農業経営体間の連携や統合が進むと、今までにない規模の農業経営体が出現する可能性がある。この段階になると、個人経営に少し毛がはえた程度の経営力では、対応できなくなる。中堅企業並みの水準の経営力、組織作りと人材の確保が求められることになる。経営者には実業家としての高い経営力が求められることになる。

このように、経営規模により、求められる経営の質が劇的に変化せざるをえないことに国は気づいていないようだ。前述したように農業経営統計の水稲作に関するデータで、二〇ヘクタール以上をひとまとめにしていることを見れば明らかだ。以前、農林水産省に二〇ヘクタール以上の規模別のデータをまとめたいので資料閲覧を要求したのだが、それ以上の規模別資料はなく、その基礎資料も閲覧できないとの回答だった。

前述したように、今後、経営規模の拡大は、新たな段階を迎え、これまでにない規模の農業経営体が現れてくることが予想される。しかし現在、多くの農業法人はさらなる規模拡大について逡巡し躊躇しているようだ。農産物価格が下落し低迷するなか、農業法人の経営体力が低下している。さらに国内食料市場の規模の縮小が始まり、将来への不安も増

る農水省のデータ

農外			年金等の収入	総所得	租税公課諸負担	可処分所得	(参考)推計家計費
収入	支出	所得					
千円	千円	千円	千円	千円	千円	千円	千円
2,005	161	1,844	2,110	4,580	639	3,941	4,192
1,911	152	1,759	2,155	4,456	634	3,822	3,699
△ 4.7	△ 5.6	△ 4.6	2.1	△ 2.7	△ 0.8	△ 3.0	△ 11.8
1,520	58	1,462	2,508	3,877	551	3,326	3,476
2,268	180	2,088	2,190	4,285	602	3,683	3,586
1,878	245	1,633	2,175	4,288	587	3,701	3,823
2,279	185	2,094	1,942	4,895	695	4,200	3,886
2,198	17	2,181	1,172	5,352	681	4,671	3,915
1,320	13	1,307	1,095	5,523	779	4,744	4,108
1,200	373	827	1,265	6,949	994	5,955	4,779
849	164	685	814	7,831	1,567	6,264	5,032
1,915	74	1,841	561	10,377	2,136	8,241	5,246
1,358	654	704	1,024	14,997	2,826	12,171	5,956

統計表をもとに筆者作成。

しているからだ。先にふれたが、さらなる規模拡大を図るためには、販路の拡大、従業員の増員、新たな設備投資が必要となる。しかも非効率な規模拡大を行えば確実に収益力が低下する。

さらに追い打ちをかけているのは、労働力不足だ。人口の高齢化と人口減少にともない、日本全体の生産年齢人口が減少し、労働力不足は産業界全体に広がっている。二〇一三年から、サービス業を中心に非正規労働者の正社員化や賃金の引き上げなどの動きが顕在化している。

表１　水稲作に関す

区分	集計経営体数	農業			農業生産関連事業		
		粗収益	経営費	所得	収入	支出	所得
(経営全体, 全国平均)	経営体	千円	千円	千円	千円	千円	千円
2012年	1,613	2,569	1,945	624	4	2	2
2013年	1,609	2,424	1,886	538	5	1	4
対前年増減率（%）	△ 4	△ 5.6	△ 3.0	△ 13.8	25.0	△ 50.0	100.0
水田作作付延べ面積規模別							
0.5ha 未満	158	561	654	△ 93	−	0	0
0.5〜 1.0	232	1,114	1,107	7	0	0	0
1.0〜 2.0	247	2,211	1,731	480	0	0	0
2.0〜 3.0	153	3,692	2,838	854	15	10	5
3.0〜 5.0	156	6,001	4,002	1,999	1	1	0
5.0〜 7.0	110	9,237	6,116	3,121	−	−	−
7.0〜 10.0	107	12,848	8,186	4,662	269	74	195
10.0〜 15.0	144	18,371	12,041	6,330	3	1	2
15.0〜 20.0	87	24,603	16,628	7,975	2	2	0
20.0ha 以上	215	38,696	25,429	13,267	8	6	2

出典：農林水産省「平成25年経営統計調査」営農類型別経営統計（個別経営）

コントラクターの存在

経営リスクを考えれば、さらなる規模拡大には慎重にならざるをえない。こうした状況を打開する一つの方法として考えられるのが、広域的なコントラクター（農作業請負）会社の存在だ。現在、日本には一万あまりのコントラクター事業体が存在しているが、大半が地域内での作業受託を収益の一つの柱とする農業法人や集落営農組織、農協などの組織だ。しかし、今後は、地域を超えた事業を展開する大規模なコントラクター会社が増加する可能性がある。こうしたコントラクター事業会社が、農業法人の大規模化を支援する役割を果たすはずだ。

新たな規模拡大が適正規模になるまでの期間、コントラクター会社に生産作業を任せることで、新たな雇用や設備投資を回避することができる。規模拡大分の事業採算性を明確にでき、さらに経営負担となる固定経費の増加を変動経費化することにより、収益性の低下など既存事業への悪影響を抑えることが可能になるのだ。

オペレーターつき機械作業を行うコントラクター会社であれば、既存事業を委託しても、大型機械の減価償却費や人件費を圧縮でき、生産コストの削減により、価格競争力を向上させることができる可能性もある。また、新たな作物の生産や新たな栽培方法の実証試験を任せることで、リスクの軽減を図りながら新たなチャレンジを行うことも可能になる。

こうしたコントラクター事業には農業ビジネス関連企業が参入することが予想される。中間流通企業や実需企業にとっては、労働力不足により増産できなかった調達先の生産者に増産を依頼することが可能になる。肥料や農薬、農業機械などのメーカーにとっては、顧客数が減少するなか、与信力のある確実な販売先を確保できるというメリットがある。リース会社やレンタル会社にとっても、農業機械や設備の安定した貸出先となる。

ただし、こうした役割を果たすためには、これまでとは異なり、徹底した社員教育により、農業に関する幅広い知識、技術、経験を持った専門家集団としてのコントラクター会社となる必要がある。とくに低コスト生産のための技術と知識を有していることが必須要件となるだろう。

また、そうした組織であれば、専業農家の後継者や農業法人の若い従業員には最適な研修教育の場となる可能性もあるはずだ。さらに、生産者が海外での生産事業を行う場合の強力な援軍ともなるだろう。

ただ留意が必要なのは、コントラクター会社の経営が成立するためには、委託者である生産者が販路を確保していること、つまり契約栽培を行っていることが不可欠になるということだ。委託者である生産者側の与信力が問われるのだ。あるいは、コントラクター会社が販路となる実需企業を紹介する機能を持つことも考えられる。また、農業界ではこれまで常識となっていた一年一回の支払いという方式を月払い方式に変える必要がある。そうしなければ、コントラクター会社のキャッシュフローが悪化するからだ。そのためには、農協や金融機関との連携、協業も必要になるだろう。

こうしたコントラクター会社が、日本農業の農地の集積、農業経営体の規模拡大、生産者の海外進出、日本の農業技術の輸出を推進する原動力となるのかもしれない。

経営の指標となるもの

さて、こうした農業経営の多層性に注目するならば、産業政策としての農業政策は、中規模経営体を大規模経営体へと育成すること、大規模経営体の経営を安定させることに重点を置くべきである。また、その政策の中心は、農地の流動化と集約化、有利資金の調達支援、農業経営教育を核とした人材育成支援に絞られるべきである。

支援方法についても、産業政策である以上、融資、規制改革、教育改革が中心であるべきであり、経営の自立性をゆがめ、モラルハザードを起こしかねない安易な補助金制度の拡散ではないはずである。

小規模経営体については、できうることなら離農促進に向けての支援をすべきで、どうしても残る小規模経営体については、地域政策、福祉政策、環境政策の観点から自治体ごとに地域住民の合意のもと必要な施策を講じるべきだろう。少なくとも、選挙のために小規模経営体の存続に重点を置くような中央政府の産業政策はありえないと考える。日本農業の未来のためには、農業政策を産業政策としての観点から抜本的に見直し、自立し持続性のある経営体を育成・強化することに重点を置くべきである。

農業経営者の潜在的ではあるが大きな悩みの一つは、自社の経営が正しいのかどうか、業界のなかで自社の経営がどの程度の水準にあるのかを判断し、さらなる経営改善に取り組むためのベースとなる経営指標がないことだ。これまでいくつかの団体が、構成員である農業経営者に呼びかけ、財務諸表をもとに分析し、作付品目別の経営指標を作ろうとしたが、実現できていない。

養豚業では約四〇の経営体と研究者の協力で投下資本あたり収益率、従業員一人あたり収益率、一頭あたり収益率などの経営指標を毎年作成し、継続的な経営改善につなげている事例があるものの、他の分野では経営者の協力が得られず、いまだに実現していない。産業界において、このような経営指標がまったくない業界というのは間違いなく農業分野だけだろう。比較すべき経営指標がないなかで、経営改善を行うことも難しく、日本の農業経営レベルの水準向上を阻む大きな要因となっている。

この背景には、知人の農業経営者がぽつりともらしたように農業界独特の「政策については率直な意見交換ができ、協力できるのだが、経営、ビジネスについては率直な意見交換も協力連携もできない」という体質がある。またマクロ、ミクロの観点から農業経営についての実践的研究を行っている研究者がきわめて少ないことも影響している。この体質は、先人たちの成功や失敗という貴重な体験を通じて得られたノウハウや技術を業界として次世代に継承していけないという問題の要因にもなっている。

最近になって、ようやく若い世代の経営者に、経営情報を共有すべきだとの機運が広がりつつある。共有した情報をもとに個別の経営改善を進めるのはもちろん、経営統合や業務提携なども検討するべきだという若い経営者も現れている。彼らの世代が中心となり、研究者や民間企業と連携して、主力作物分野ごとに、経営改善のための基礎データとなる経営指標を作成し、経営改善を推進することが日本農業の発展のためには必要不可欠だと考える。

そのために、大学農学部のカリキュラムについても、実践的な経営スキルを習得するためのプログラムを強化すべきだと考える。ただ、注意しなければならないのは、よくみかけるメディア露出の多い農業経営者や補助金の取り方を教えるようなコンサルタントを講師陣に並べただけのカリキュラムではだめだということである。きちんと経営分析をできる研究者、高い経営スキルを持つビジネスマンによる体系だったプログラムを用意することが必要であることを忘れてはならない。

コストマネジメント

コストマネジメントについては、これまで農家の方、農協や自治体の職員に生産コストを尋ねても、ほぼ正確な回答を得られないことが多かった。最近ようやく、生産費をきちんと把握されている大規模な専業農家や農業法人の経営者が増えつつある。農業経営が自立したビジネスとなるためには、このコストマネジメントができているということが重要な第一歩となる。

農協組織を通じた委託販売方式に依存している農家は、現在でも農作物の価格の決定を市場に任せ、市場価格に一喜一憂している。生産コストを十分に把握できていないから、販売単価と売上高はわかっていても収益額はわからないという、とても経営者というレベルにはない状況にある。

さらに、日本農業が長く閉鎖的な市場であったために、品質が良ければ高く売れるのだという日本独特の高品質至上主義の考え方が蔓延し、高コスト体質が定着していることも大きな問題である。確かに品質の高いものが価格も高くなるのは一面真実であるが、次の点に留意しなければならない。

品質の優劣はあくまでも他者との比較においてのことである。高品質を求められ、高価格でも消費されるのは嗜好品的作物に限られる。日常的に消費される食品においても確かに高価格帯の商品を好む消費者は存在するが、きわめて小さな市場であり、発展性は限定される。高品質作物でも需給バランスが崩れれば、価格は当然下落するし、高価格で売れても高コストであれば収益は減少することになるのだ。

さらに、国内食料市場が縮小するなか、唯一伸びているのは、外食、中食、加工など業務用農作物の需要だ。この市場では、品質が一定以上であれば、何よりも価格競争力が求められることに留意しなければならない。

そして、何よりも問題なのは、この高品質至上主義は、経営規模の拡大やコストマネジメント等経営スキルの向上にかかる農業経営者の意欲を減退させ、日本農業から輸出拡大や市場の自由化に対応できる価格競争力向上のためのモチベーションを下げていることだ。

米国などの穀物農場経営者は、トウモロコシ、ムギ、ダイズなどの国際市況や世界的な主要産地の作況の情報を収集分析し、予測に基づいて、大胆に作物ごとの作付面積を変えている。今後、日本でも、農業経営者が取引先企業との情報交換やインターネットを通じて国内外の市場情報や作況情報を収集分析し、作付体系を大きく変化させるといった経営スキルが求められるようになるはずである。作付体系について基本的に述べれば、たとえば米と他の穀物や野菜を合わせた複数品目での作付体系もあれば、主食用米、加工用米、飼料米、もみ殻という米だけの複数販売の複合的作付体系も、野菜や果樹の複合的作付体系もある。作業効率や人員配置効率、機械整備の稼働効率の向上につながる作付体系を考えることは、リスクヘッジだけではなく、生産性の向上を図る上できわめて重要なポイントとなる。また、農業経営者にそうした情報を提供し、作付計画の策定を支援する新たなビジネスモデルも生まれるはずである。

7　食料安全保障と食料自給率

食料安全保障と「主食」

豊かな食生活を享受している日本では、食料安全保障について国民が真剣に考える機会はほとんどないというのが現実だろう。ここで、農業が深く関わる食料安全保障の意味について考えてみたい。

簡単にいえば、自国の国民が飢えることのないよう、食料を安定的に確保できるよう対策を講ずることが食料安全保障の目的である。日常的にはもちろん、いざというときのために食料を確保できる手をいかに打っておくかという戦略だということもできる。つまり国家的な食料に関するリスクマネジメントの一つなのである。

いざというときとは、どんなときなのだろう。まず、戦争という状況を想像されるのではないだろうか。注意が必要なのは、日本が直接巻き込まれた場合だけでなく、食料を日本が大量に輸入している国や輸送ルートにあたる国での戦争や内乱、経済封鎖が行われる場合も想定しておかなければならない。

次に思いつくのは、甚大な自然災害や天候異変だろう。最近では、口蹄疫や鳥インフルエンザなどの病気や害虫の異常発生による被害の影響も想定しておく必要がある。これらについても、日本国内での発生だけでなく、主要輸入先の国など国際的な視野から見ておく必要があることはいうまでもない。

では、これらのリスクについて、どのような対策を前もって講じておくべきなのか考えてみよう。まずは、自国の生産力を維持することが重要なのはいうまでもない。といっても、今私たちが食べている食料のすべてを自国で生産することは難しい。通常、自国生産力の維持については、基本的な食料に限定して考える。そういう意味で、日本では主食であるコメの生産力の維持が、食料安全保障の根幹ということになる。

ここで少し話は逸れるのだが、「主食」の定義とはどういうものだろうか。多くの人は「その国あるいは地域の人々が毎日食べている主な食料のこと」と答えるのではないだろうか。残念ながら、それは少し違う。もしそれが正解なら、現在の日本の主食は食事機会の多さでも、供給カロリーベースでも、パンと肉、つまり小麦（飼料も含む）と肉ということになってしまう。

実は、主食という概念は、人間が生きていくうえで必要な必須アミノ酸を主に何から摂取しているかというものなのだ。そういう意味で、必須アミノ酸を過不足なく含んでいるコメを日常的に食べている米食文化の国々の主食はコメであるということになる。

ところが、必須アミノ酸に欠けるパン食文化の国々では必須アミノ酸を含む肉との組み合わせが不可欠になり、パンが主食であるとはいえないのだ。逆にいえば、米食文化の国々以外では主食という概念自体がなかなか成立しにくいということができる。

生産力の確保と耕作田の保全

さて、話を戻そう。前述したように、日本においては、まず主食であるコメの生産力の維持が食料安全保障の根幹になる。日本のコメの生産力は現在、年間約八〇〇万トン。コメの消費量が落ちているため減反政策が推し進められ、生産力が年々減少しているのは周知のことだ。

では、食料安全保障上、コメの生産力をどの程度維持すべきなのだろうか。それを知るために、赤ちゃんも含めた国民全員が毎日三食ごはん一膳ずつを食べたとすると、はたしてどのくらいの量のコメが必要となるのかを試算してみよう。ごはん一膳分を一五〇グラム(精米で八〇グラム／コメ八〇グラム＋水八八グラム、水は一部蒸発＝ごはん一五〇グラム)とし、人口を現在の一億二〇〇〇万人とすると、一〇五〇万トンとなり、これを玄米重量に換算すると約一一〇〇万トンということになる。お気づきだろうか、前述したように現在の日本のコメの生産量は八〇〇万トンだから、すでに足りていないということになる。

国土交通省によると二〇五〇年の日本の人口は九七〇〇万人に減少するということなので、その人口で試算し直してみよう。すると玄米ベースで九二〇万トンとなる。やはり現在の生産量では不足するという結果になる。といっても現実にはコメの消費は、推定で七〇〇万トン程度まで落ち込んでいるため、現実にはコメが余っている状況となっている。このため、需給バランスをとり、価格を安定させるためには、コメの生産量を落とさざるを得ないわけだ。

では食料安全保障上、この問題をどう考えれば良いのだろうか。生産量とは、単収（単位面積あたり収穫量）×作付面積という計算で求められる総収穫量のことだ。単収は品種改良や栽培技術などの技術力によって左右され、作付面積は労働力と農地面積によって影響を受ける。これらの要素について、食糧安全保障上問題となるのは、技術力については技術の継承と蓄積であり、労働力については機械化の推進などによる労働力不足解消といった人的資源の確保だ。そして、何といっても最大の問題は、生産に不可欠な農地面積の確保、とくに優良農地の保全ということになる。コメの生産量を落とすことは仕方がないとしても、いざというときにコメを作ることのできる水田を残しておく必要があるからだ。

では、先ほど試算した日本の人口が九七〇〇万人になったときに必要となる九二〇万トンのコメを作るにはどのくらいの農地が必要なのか試算してみよう。日本の現在の平均単収は一〇アールあたり五二〇キログラム。これをもとに計算してみると、必要なコメの生産量を確保するためには、一七〇万ヘクタールの田が必要だということになる。現在、日本の田の耕地面積は二四〇万ヘクタール、そのうちイネの延作付面積は一六〇万ヘクタールである。ということは、少なくとも現在の作付面積程度の田は、食料安全保障上なんとしても保全していく必要があるということになる。

そうすると約七〇万ヘクタールの田が余ることになる（実際には収穫量の多い水田が優先的に耕作されるため、低収量の水田約一〇〇万ヘクタール程度が余ることになる）。この七〇万ヘクタールの田はどうすればよいのだろうか。もっともよい方策は、国も推奨しているように飼料用米、ムギ、ダイズ、トウモロコシなど、現在輸入に頼っている飼料原材料農産物への転作により、それらの作物の国産化比率を上げながら農地を保全することだろう。これは食料安全保障戦略上も有効な施策であるということができる。

ただし、適地適作の原則を忘れてはならないだろう。それぞれの地域に適合した一定量以上の収穫が見込める転作作物を選択することにより、補助金依存度を少しでも低減させる努力が必要なことは言うまでもない。地域環境や土地条件において不向きなため一定以上の収量がほぼ見込めない作物を、補助金を得んがために農家が作付けするような状況をなくしていく必要がある。

また、主業である主食用米や野菜の生産との効率的な作付体系（周年雇用の実現、労働時間の平準化、機械・設備の稼働率向上など）の構築が可能な転作作物を選択することも重要になる。

補助金制度については、輸入農作物の港着値（輸出業者が輸入国の港で貨物を荷揚げするまでの費用〈梱包費、通関費、運賃、船荷保険料等〉を負担するという条件での貿易契約価格のこと）と生産者の努力のみでは克服し難い生産費の内外格差を勘案した程度に抑制するとともに、作付面積あたりではなく収穫量と収益率に応じた制度に見直すことによって、農業経営者のコスト意識の向上と経営の自立を促すべきであろう。

これまでの試算は、きわめて簡易なものなので、あまり前述の数値にこだわる必要はない。しかし、国が主食であるコメの生産量とそれに必要な農地面積を明確にし、優良農地を中心に具体的な農地保全措置を講じていくことが食料安全保障戦略の根幹であるということをわかって頂ければと思う。

もちろん、農地の保全のためには、耕作者の経営が成立することが大前提となる。農地面積は維持できているが、耕作放棄地が増えているようではまったく意味がないからだ。また、農業就業人口が減るなかでは、一経営体が耕作する面積をできるだけ広くしていくことが必要となる。つまり、食料安全保障の根幹となる農地保全のためには、主食であるコメを作る農業経営体の経営の効率化、そして収益力強化が必要不可欠であるということなのだ。

もう一つ、他国からの輸入ルートの確保ということも戦略上重要な意味を持つことを忘れてはならない。甚大な災害などにより国内での生産が困難になり、十分な食料を供給できなくなった場合には、輸入するほかないからだ。その意味では、外交、防衛という観点から海外諸国との関係を良好に保つ努力をするということも食料安全保障上はきわめて重要な意味を持つのである。

また、機械化が進む現在では、農業機械や設備の動力燃料である資源エネルギー、さらに肥料の原材料となるリンなどの資源の確保が不可欠であり、資源エネルギーの安全保障戦略ともリンクして考えておかなければならない。食料安全保障戦略とは、食料自給率を上げれば良いという短絡的な問題ではないということを頭に入れておく必要がある。

食料自給率の意味

食料自給率の問題にも少しふれておきたい。食料自給率の引き上げを政策目標にすることについては、「日本だけがカロリーベースで計算しているのはおかしい」「海外諸国のように主要穀物の自給率だけで十分である」といったさまざまな意見が提示されてきた。確かに、それぞれの指摘はうなずけるのだが、実は問題の本質は少し違うところにあるのではと思える。

まず食料自給率が低下したことが問題であるとされているが、なぜ自給率が下がったのか、それが本当に問題なのかについて考えてみよう。二〇一三年の日本の食料自給率は農林水産省の発表では、カロリーベースで三九パーセント、生産額ベースでは六八パーセントとなっている。一九六五年の数値と比べてみると、カロリーベースでは七三パーセントだったから、三四ポイントの低下、生産額ベースでは八六パーセントから一八ポイントの低下となっている。

自給率が落ちた原因はと尋ねられれば、ほとんどの人が「もちろん輸入量が増えたから」と答えるだろう。ところが必ずしもそれが正解とはいえないのだ。

一九六五年と二〇〇七年との食料自給率の比較で、その点を解明してみよう。二〇〇七年の自給率はカロリーベースで四〇パーセント、一九六五年から三二ポイント下がっている。そこで、一九六五年時点の品目ごとの輸入率を固定し、供給量だけが二〇〇七年の水準に増えたとして二〇〇七年の自給率を計算してみると、コメで一九ポイント、油脂類と畜産物（飼料分も含む）で一八ポイント下がることになり、合算すると三七ポイントの低下となる。

つまり、輸入の割合が増えたために自給率が下がったのではなく、油脂類と畜産物の消費量が増え、コメの消費量が下がったために自給率が三七ポイントも押し下げられたということがわかる。もともと輸入割合の高かった油脂類（一九六五年の自給率は三三パーセント）や肉（一九六五年の自給率は四七パーセント）を食べる量が約三倍に増え、もともと国内自給率の高かったコメ（一九六五年自給率九五パーセント）を食べなくなったから自給率が下がったということなのだ。

食料自給率は、国民が何を食べているかという食生活の現状を表す指標であって、食料安全保障に直接結びつくような指標ではないことがわかって頂けただろうか。私たちがしっかり三食コメを食べ、油ものや肉を食べるのを控えればカロリーベースの自給率はおのずと伸びる。油脂類や肉は重量あたりのカロリーが高いので、販売額ベースの自給率と比べて大きな差が生まれることになるというわけである。

今、日本において求められているのは、食料自給率という現象に関する議論などではなく、日本農業のビジョンに直結する食料安全保障戦略についての深い議論ではないだろうか。

8　農産物輸出と海外生産

日本の農産物輸出の特徴

財務省の貿易統計によれば、日本の二〇一三年の農産物輸出額は二六〇〇億円（アルコール飲料、タバコなどを除く）である。それに対し輸入額は六兆一〇〇〇億円となっており、圧倒的な輸入超過である。二〇一二年の食品、農産物を合わせた輸出額では、世界第五三位というのが日本の実態である。

国内の食料市場が急速に縮むなか、食料安全保障の観点から優良農地を保全していくためには、輸入農産物の国産化と国産農産物の輸出という二つの戦略が考えられる。この節では、国産農産物の輸出問題の本質とは何か、未来への取り組みはどうすればよいのかということについて考えてみることとしたい。

現在、日本の輸出品目のなかで、将来的にも輸出量の拡大が期待できるのは、酒類、菓子類、清涼飲料水、植木、飼料などである。

二〇一二年の貿易統計によれば、清酒輸出額は約九〇億円で、主に米国、香港、韓国に輸出されている。チョコレート菓子、キャンディ、米菓などの菓子類は約一二〇億円で、台湾、香港、米国などが輸出先となっている。清涼飲料水も一二〇億円で、中国、中東向けが多い。植木は八二億円で、都市化の進むベトナム、中国、香港が主な輸出先だ。配合調整飼料は六三億円で米国、韓国、中国に輸出されている。意外と知られていないのは、穀粉や小麦粉の輸出だろう。合わせて一二〇億円が輸出されている。

これらの数字を見て気づくのは、加工品が多いこと、米国とアジア圏が主な輸出先であることだ。日本の政府や自治体は、日本の農産物は高品質であり海外の裕福な人たちに高く売れるといい、盛んに農産物の輸出促進キャンペーンを行っている。ところが、実態は加工品の輸出が中心であり、輸出主体はほとんどの場合は企業だ。清酒や米菓の場合、酒造メーカーは確かに儲かっているのだが、酒造好適米や加工用米の価格は下がっており、生産者が儲かっているわけではない。唯一、加工品ではないリンゴの輸出額が三三億円となっているのだが、価格が下落し輸出金額も激減している。

また、本当に高価格帯で売れているのかといえば、実はそれも怪しい。ほとんどの贈答品用の嗜好的農作物は、輸出当初は珍しさもあり、高値での取り引きがなされるが、二、三年経つと急激に価格が下がり、契約が打ち切られることも多いのが実情だ。もともと、国内市場でも高価格帯の贈答品は、市場の拡大性と持続性に乏しく、生産側としては商売として長続きしないものだ。

よく考えてみて欲しい。毎年同じものを贈る人がいるだろうか。富裕層というのは市場の何パーセントだろう。もし、一年目に好評でよく売れたとして、他の国内外の多くの生産者が指をくわえて見ているだろうか。海外の実需側のバイヤーは高品質のモノが他社から購入できるなら、当然仕入れ価格の安い方を買うのではないだろうか。

ここで先ほど出て来た富裕層についてのデータを紹介しておきたい。ＲＢＣウエルス・マネジメント社によれば一〇〇万ドル以上の投資可能資産を持つ世界の富裕層世帯数は、一一〇〇万世帯だという。これは世界の全世帯数の〇・五パーセントにすぎない。ちなみに同様の基準で試算してみると日本の富裕世帯数は一八二万世帯で全体の三パーセント、中国は九六万世帯で全世帯数の〇・二パーセントである。それだけあれば商売になると思いがちだが、この市場を狙うには高い競争率を勝ち抜く必要がある。

市場のニーズ

では、加工品以外の農産物（一次加工品は含むことにする）の輸出拡大の可能性について、もう少し掘り下げて考えてみよう。まず、輸出先となる国の食料市場に農産物の輸入ニーズがあるのかどうかが問題となるのはあたりまえである。では、どのような場合に市場ニーズが生じるのだろうか。

第一にその農産物が食べられているか、食べられる可能性があること。聞けば当然のことのようだが、プロダクトアウト的な発想がこびりついた農業界では結構重要なポイントだ。どのような調理方法で、どのような場で（家庭内なのか外食先なのか）、誰にどの程度の頻度と量が食べられているのかが問題となる。

第二にその国でも生産されているのか、生産されていないのか。生産されていなければ、どこから輸入されているのかが問題となる。生産されていない場合、その理由も確かめておくことが必要だ。気象条件などの環境制約によるのか、技術力の問題なのか、資材や物流の問題なのか。もし、解決可能な要因ならば、いずれ現地での生産が行われる可能性があるからだ。

第三に、端境期《はざかいき》などの理由で市場需要に対して不足する時期があるのかどうか。不足する時期があれば、輸出のチャンスはある。この場合にも、その要因を確かめておかなければならない。それがたとえ気象条件だとしても、新たに生育条件に適した地域で農場開発がなされる可能性があるからだ。

第四に、市場が求める量や品質に対して、十分な量、品質のモノが供給されているのか。もし不十分であるならば輸出のチャンスがあることになる。しつこいようだが、この場合もその要因を調べておくことが必要だ。まさしく、品種改良や種苗の輸入、技術力の向上で、現地での生産量や品質が向上する可能性があるからだ。

第五に、現地での生産コストが高く、輸入した方がコストが安くつくという場合。たとえば、九州の野菜加工工場が東南アジアの会社からカット野菜の注文を受けたのは、新たに工場を作り、従業員を教育するよりも、日本の工場に発注し、輸入した方がコストもリスクも抑えられるとの理由だった。この場合は、資金力に余裕のある企業が現地で生産を始める可能性が高いことに留意が必要だ。

このように、輸出には、相手国の市場に持続的で、拡大可能性のある安定したニーズがあることがまず前提となる。日本の農産物は高品質だから海外で高く売れるというのはあまりにも乱暴な論理であり、まさしくプロダクトアウトの発想に過ぎない。いかに高品質だろうと、それを相手国の市場が求めていなければ売れないのだ。

ちなみに、しつこく現地での生産が始まる可能性についても調べておく必要があると述べたのは、現地での生産が競争においてもっとも優位性を持つからだ。物流コスト、政治的保護、関税等のコスト等々、何をとっても優位性が高くなる。逆にいえば、農業経営者としては、日本からの輸出事業を計画する場合には、現地での生産事業への投資という選択肢についても同時に検討することが必要だということだ。

競争のための分析

さて、相手国の市場にニーズがあったとして、次に考えなければならないことは何か。それは、競争の存在だ。日本国内にも、海外にも、同じ市場へ同じ農作物を売り込みたいと考えている生産者や流通事業者がいるということだ。品質で圧倒的に優っていたとしても、相手国の市場が求める価格帯でなければ売れない。同水準の品質である場合は、供給の安定性や価格の競争になる。そうした競争に勝てるのか、しかも収益を確保できるのかを考えなければならないのだ。

日本の農産物輸出の障害の一つが、この海外市場での競争に国内の産地間競争を国や自治体が持ち込んでいることだ。A県のリンゴがある海外市場で売れたとする。すると、同じリンゴの産地であるB県、C県も農協や生産者を引き連れてその国でイベントを開催し売り込みをかける。当然、現地のバイヤーは買いたたきやすくなる。結果、ダンピング競争となってしまい価格が下落、どの県が売り込みに成功したとしても、収益が確保できなくなるというわけだ。

自治体主催の講演会に講師として招かれたときには、必ず「自治体のみなさんにお願いがあります。国内の不毛な産地間競争を海外市場まで持ち込まないで下さい。税金を使って、買いたたかれるための見本市みたいなイベントをしないでほしい」と訴えることにしている。なかには顔が引きつっている人もいるのだが、会場に広がる苦笑の渦がおもしろくて、最近は「つかみネタ」として重宝している。

少し視点を変えてみよう。輸出事業の検討にあたっては、まず、輸出先の国の市場のことをよく知る必要がある。次に、貿易に関するさまざまな諸手続とそのコストやリスクを知ることが必要となる。そしてもう一つ知っておくべきことがあるのだが、おわかりだろうか。それは、自分自身、自社のことだ。はたして諸問題をクリアし、収益を上げ、持続的な事業にできるのかどうか。実は、この部分をついつい見落としてしまうことが多いのだ。

まず、最初の輸出先となる国の市場について知るべきことを簡単にまとめると次の五点になる。

① 持続的な需要があるかということ。さらに、その規模、成長性、食生活様式、商品アプローチ、主要価格帯、主な顧客層なども調べておく必要がある。

② 競争力、市場での優位性を持てるのかどうか。品質、価格、安全性、利便性、提案力などで差別化が可能なのかどうかである。

③ 新たな需要の発掘、市場形成の可能性があるかどうか。社会構造、食生活、消費性向の変化、有効な販促媒体などの分析が必要となる。

④ 有力かつ信頼できるビジネスパートナーの存在。サプライチェーンの構築には不可欠である。

⑤ 事業リスクの把握。政治的リスク、与信リスク、法規制によるリスク、輸送リスク、為替リスクなど、気をつけなければならない問題は多い。

次に、貿易にかかる諸手続について、そのリスクとコストを知っておく必要がある。関税、防疫、輸入規制、食品衛生にかかる相手国の規制など多くの制約があることに留意が必要だ。ＴＰＰをめぐる議論で、関税が引き下げられれば、輸入品がどっと押し寄せてくるというような主張をする方がいるが、関税はたくさんある貿易障害のなかの一つでしかないことを認識しておく必要がある。そもそも、市場ニーズがなければ輸出などできないし、輸出側にもモチベーションが必要だ。国内で売った方が儲かるのであれば、わざわざ輸出などしない。それに、関税よりも為替の変化や防疫条件の変更の方が、輸出入量の圧力要因となるケースが多いのが現実である。

さて、輸出する側が自身について知っておくべきこととは何だろうか。それは、次の五つだ。

① 事業収益性はあるのかということ。とくに国内販売とは違いさまざまなコストとリスクが生じるため、一定の量が売れなければオーバーコストになることを認識しておく必要がある。

② 生産能力があるのか。輸出先実需者の求める規格、量に合った農産物を安定供給できるのかどうか。また、新たなリスク、コストを負担し、さまざまな問題を解決していかなければならないため、それに対応できる人材、あるいはビジネスパートナーの

存在も不可欠になる。経営者自身の能力も問われることを忘れてはならない。

③　経営全体への影響。できれば順調に推移している既存事業に影響を及ぼさないように、資金、設備、人員を別途用意すべきだ。

④　輸出先国での現地生産との比較。現地生産の方が、事業収益性が高いのであれば、輸出事業に固執する必要はない。

⑤　価格競争力があるのかどうか。価格競争に勝てる経営体力があるのかと言い換えてもいいだろう。

国際市場で戦う以上、国内とはけた違いの数と規模の競合他社との競争になることを覚悟しなければならない。しかも、日本だけが品質の向上に力を入れているわけではなく、各国の品質も年々向上してきている。もちろん、日本の農産物の安全性や品質の高さについての信頼性という点では、多少の価格差があってもそれを補うだけのブランド力があるのは間違いない。しかし、海外市場の顧客がどこまでの品質を求めるかも国によって異なる。彼らの求める品質の範囲内であるならば、最後は価格競争となってしまうのだ。

一つの経営体だけの利益を求めるのなら、高品質、高価格により差別化し、小さな富裕層市場を狙うニッチなビジネスモデルも当然成立するだろう。ただ、日本の農業の構造的な改革を進めるべき責務を負っている国や自治体が、そのニッチなビジネスモデルを推奨し、支援していることには違和感を覚えざるをえない。既得権益と対峙し構造的な改革を進めるというのは困難で厳しい仕事だ。その本来の責務から逃げ、誰とも対立せずにすむ楽な仕事、つまりニッチ・ビジネスの支援で、予算を獲得しその予算を消化することで仕事の実績をあげたというフリをしているに過ぎないのではないだろうか。

価格競争力

実は、価格競争力こそが、日本農業が国際市場に進出する際の最大の課題となっている。日本農業は長い間閉鎖的な国内市場でガラパゴス化といってもよい独特な発展を遂げてきた。農作物でいえば、徹底的に食味や見栄えにこだわり、そのための技術を磨いてきた。経営という面からみれば、戦後の食料不足の時代から、作れば国内市場で売れるという時代を経てきたために、農業の収益率は高く（約六〇～七〇パーセント）、経営者はいかに高く売るかに腐心し、見栄え、食味、さらに時期的な希少性による差別化に力を注いできたのだ。

そうした経緯もあり、経営においてもっとも重要なことの一つである収益性を高めるための努力については怠ることになった。その結果、コストマネジメントという意識、スキルが欠落してしまったのだ。

このコストマネジメントの喪失による高コスト体質は、日本農業が厳しい国際市場の競争のなかで勝ち抜いて行くうえで、大きなハンディキャップとなっている。しかし、近年、先駆的な農業経営者や商社、卸などの企業は、本格的な輸出事業に向けて、低コスト生産技術の確立のための取り組みを始めている。彼らは、このままでは国内市場の縮小により日本の優良な農地が失われていくという強い危機感を持っている。とくに消費量が激減しているコメについての危機感は強く、日本の農地の約半分を占める水田の保全のためには、コメの本格的な輸出の実現が不可欠だと考えている。

低コスト米の生産技術の確立には、生産分野だけではなく、流通分野との連携した取り組みが必要不可欠となる。前述したサプライチェーンを構成するプレーヤー全員の協力が欠かせないのだ。このため、資材メーカーも含めた企業と生産者との連携による実証試験が行われており、地域によっては農協や自治体もこれに賛同し協力している。

生産分野では、経営規模の拡大はもちろんだが、たとえば直播方式栽培（稲を種から直接撒く栽培法）のための圃場区画規模の拡大、直播技術に適合した多収性品種や肥料・農薬の開発、農業機械のリースの活用、コントラクターの活用など種々の実証試験が行われている。

流通分野では、玄米流通から籾流通への転換、使途に応じた独自の規格検査の導入、袋梱包からフレコン（フレキシブルコンテナバッグ／粉末、粒状のものを保管、運搬するための包材で一トン程度のものが入る）やバラ積（バルクキャリアまたはバルカー／穀物などを梱包しない状態で、船舶やトラックに積み込み運搬すること）への輸送方法の転換、乾燥から精米までの一貫プラントの整備などの検討が始まっている。

これらの取り組みが実現すれば、生産コストの大幅な削減が期待できる。生産側はこだわりの主食用米は従来通り生産販売しながら、加工用米、飼料用米、輸出用米についてはイノベーションによって別途規模拡大を進めることが可能になるのだ。しかも、そのための農業機械は購入せず、リースか作業受託で対応できる。また、育苗作業がなくなることにより、作付体系次第では人件費のコストパフォーマンスが格段に向上するだろう。さらに、籾でのバラ出荷により、袋詰め作業がなくなり、生産者ごとの大規模な乾燥設備も不要となる。

しかし、こうした取り組みのなかで新たな問題が浮上して来ているのも事実だ。圃場区画の規模拡大には農地所有者の了解が必要だ。既存の多収性稲の種には、生産調整政策の影響で使途制限がつけられている。新たな栽培技術の導入は他の慣行栽培農家との間での用水利用についての調整が必要となる。一貫プラントの整備については、国の支援を得るために周辺農協の承認が必要だ。籾での流通をすると、一貫プラントで大量の籾殻が発生する。その有効な処分方法の確立が必要になる。

ニッチな輸出ビジネスモデルの支援に熱心な国や自治体が、このような本格的な輸出に向けた挑戦を本気で支援してくれるのかも不安要素だ。タフネゴシエーションによる防疫検査などの非関税障壁の解消、規制緩和、圃場の再整備、技術開発、ＯＤＡを有効利用した輸出先国のインフラ整備支援など国や自治体がやるべきことは多いのだが、一経営体でのコスト削減は、すでに限界にきている。コメでいえば、経営規模の拡大、直播方式や多収性稲の導入、効率的な作付体系の確立などにより一キログラムあたりの生産費一一〇～一三〇円を実現した大規模経営者が増えてきた。そんな彼らが、「もうこれが限界だ」と一様にいっているのだ。

これらの先駆的な大規模経営者のように一キログラムあたりの生産費を輸出競争力のあ

る一三〇円以下の水準にもっていくためには、サプライチェーンをともに形作るプレーヤー全員の協力とともに、地域や行政の協力も不可欠だといえる。

一定の品質を保持しながらの低コスト生産技術の確立は、高価格帯市場での収益性を飛躍的に伸ばすことはもちろん、収益を確保しながら低価格帯市場への参入も可能とする。日本農業が国際市場への本格参入をめざすためには必要不可欠なイノベーションだといえるだろう。

これからに向けて

こうした低コスト生産技術の確立は、日本の農業経営者の海外における生産事業の展開に際しても強力な武器となるはずだ。日本農業の基礎的な技術知識の高さは、海外諸国の単収の向上、品質の向上に大きく貢献しているが、この低コスト生産技術はさらに価格競争力、輸出競争力の向上に大きく貢献することになる。

ただ、海外での生産事業の展開については、国内での生産事業以上に、生産者だけでは対処しきれない問題が多いことに留意が必要だ。道路や灌漑用水などのインフラの未整備、優良な資材の調達ができない、技術指導と人材育成に多くの労力と時間を要する、施設設備の運用管理レベルが低い、土壌汚染や水質汚染がひどい、販路の開拓に既得権益者との調整が必要となるなど、さまざまな問題を解決していかなければならないのだ。

メディアはあまり取り上げないが、これまで多くの先人たちが海外での生産事業に挑戦し、失敗を繰り返してきている。その経験を日本の農業界は蓄積し共有できていないのだ。失敗から教訓を学べないために、同じ失敗が繰り返されている。ここにも日本農業界の知識技術の共有と蓄積、継承ができないという大きな欠点が浮き彫りになっているのだ。海外での生産事業の展開は、日本の技術の高さと信頼性ゆえ、多くの国々から期待を寄せられている。ここでこそ、現地企業も含めサプライチェーンを組む企業と生産者との緊密な連携が必要となるだろう。

筆者は現在、東南アジアで日本の農業技術者とともに、日本の稲作技術の移転によって在来品種の生産性の向上と生産・集荷・精米・輸出というサプライチェーンの構築プロジェクトに携わっている。日本とはまったく異なる環境条件のなかで、悪戦苦闘の日々を送っているが、多くの問題を克服するためには、農業技術者はもとより、技術普及のための専門家や地元の農家、研究機関、商社、プラントメーカー、種苗メーカー、農機メーカー、肥料・農薬メーカーなど多くの機関や企業との協業が不可欠であるということを実感している。さらに、日本の農業インフラ整備の素晴らしさ、機械や資材の技術的進歩と一体的に進められてきた体系的な農業技術の有効性をあらためて見直す契機ともなっている。こうした体験からも農業経営者と企業との連携は海外での生産事業の展開には不可欠であることを重ねて述べておきたい。

本章を書いている段階では、まだＴＰＰ交渉が継続中で交渉の行方は不透明だ。気になるのは、ＴＰＰ交渉が妥結し関税率が引き下げられれば海外から大量の農畜産物が輸入される、あるいは逆に日本の農産物の輸出が増える、といった議論がいまだになされていることだ。前述のように貿易にはさまざまな非関税障壁があることを理解しておく必要がある。防疫検査、税制度、貿易保険、食品衛生に関する規制、為替レートなど、国や貿易品目によっては関税障壁よりもこれらの非関税障壁の方が障害となることも多いのだ。相手国に需要があり、こちらの国に輸出できる余剰供給力がなければ、そもそも貿易は成立しない。つまり、関税が引き下げられたからといって、それだけで貿易が可能となるわけではないのだ。ＴＰＰの影響については具体的、客観的な分析が必要であるということを最後に強調しておきたいと思う。

第3章　「さかうえ」と日本農業のこれから

――大規模集約農業の一つの可能性として――

坂上　隆

坂上　隆

（さかうえ　たかし）

1968年，鹿児島県生まれ。

農業生産法人株式会社さかうえ代表取締役。

千葉県の国際武道大学へ入学後，剣道部主将として活躍。その後，自分の行くべき道に悩むが，自然とともに生きる決意をし，故郷の鹿児島県志布志市へ帰る。はじめ父の農業を手伝い，1995年坂上芝園として有限会社化，2010年株式会社さかうえへ改組。哲学・環境・経済の並立可能な農業をめざし，日本の大規模集約農家の代表的な一人となる。現在，九州大学大学院生物資源環境科学府で地球規模の環境農業への可能性を学びつつ，大規模集約農業に奮闘中。

2008年，農業技術通信社主催「Ａ－１グランプリ」大賞受賞。2010年，九州経済産業局主催「九州ＩＴ経営力大賞」特別賞受賞。2012年，日本経営学会主催「日本農業経営学会賞」実践賞受賞。2013年，毎日新聞社主催「第62回全国農業コンクールグランプリ」受賞。

1　「農業で生きる」という決意

自然を相手にしたい

鹿児島の高校を卒業後、関東の大学に進学した。見聞を広めるために勉強に没頭した時期もあったが、将来の道を探す中、「故郷の鹿児島県志布志市に戻り、農業を生涯の職としよう」と決めた。そのきっかけは「どうしたら幸せになれるのだろう」という、自らへの問いかけだった。

私が農業で生きていくと決めた最も大きな理由は、自然を相手にして働きたいと考えたことだ。小学二年生から始めた剣道は現在教士七段、剣道に没頭したのは大学時代で、部員約五百人の剣道部で主将を務めた。当時の私には剣道が生きる道標でもあり、大学の剣道の先生を師と仰ぎ心酔していた。その先生が退官されたとき、認めてもらいたいと必死の修練の動機を失うことになり、同時に生きる目標を失ってしまった。何をしてどうやって生きていけばよいかわからなくなった。必死に考え続けたときの命題が「どうしたら幸せになれるのか」であり、私が到達した答えは「自然を相手にして生きていこう」ということだった。

自然と気

その後も、剣道の稽古を通じて人間の持つ〝気〟の存在を感じたことをきっかけに、中村天風著『成功の実現』などの自己探求や自然の法則に関する哲学的な本を貪り読んだ時期がある。その中で、どのように生きていくのが自分にとっての幸せかということについて、さらに深く考えはじめたのである。

その結果、人間の欲望にはきりがない、だから、「自分ではどうにもできない位に大きな存在の中で生かされている」と感じながら生きていくことこそが幸せにつながるという考えに至った。花を見て美しいと思う、風が吹き気持ち良いと思う。それが「自然」というものだ。

雨が降っても誰も雨に怒りはしない。それは自然は自分ではどうしようもできない存在だからである。このように、自然と向き合い自身の心を自然に投影することで自分自身も邪念や妄想がなく過ごしていけるような心の状態で人生を過ごせるのは最高ではないかと思ったのだ。花鳥風月という季節の移り変わりを感じるピュアな心を持って過ごしていくと決めたとき、両親が営む農業を生業とすることが答えとなった。

志布志に帰る時に農業で生きていくというルールを決めた。そう決めてからは余計なことに迷うことは一切なくなった。そしてわかったことがある。迷うことがなくなると自由を手に入れられるのだ。自由という言葉はよく使われるが、責任というルールがない自由は本当の自由ではない。人は責任を負うことで方向性が定められ自由に進んでいくことができる。一方、ルールがない自由は何でもでき動き回れる。一瞬自由を得たような気になるが、気づくと何でもできること自体が自分自身に覆いかぶさり、本当の自由を手に入れられない。結局、表面上の自由でしかない。私は他の道を捨てた。農業という道に生きると決めたことで、農業で生きていけるという最高の自由を手に入れることができたのである。

2　農業のスタートと大きな失敗

太陽と競う

就農した当初、私の競争相手は「太陽」だった。多くの作物において年に一回しか収穫機会がないのが農業というものだ。土づくりも種蒔きもその他のさまざまな作業も、すべてはその年一回の収穫のために行われる。良い作物を作るためにはやるべきことが山ほどあり、今この時にすべきことは今以外にはない。そのため適時を逃すと後々の収穫に影響が出る。野菜はこちらの都合に合わせてはくれない。

常に先々のことを考えつつ作業をしていたら、日々の「すべきこと」は山のように出てきた。日中の明るい時間を一秒たりとも無駄にしたくないと思い、明るくなるのを待ち、かつ、見えなくなるまで作業に没頭していたら、太陽が出る前に畑に出て太陽が沈むまで仕事する毎日となっていた。自分自身の早起きとの戦いなのだが、自分のことだとなかなかモチベーションが続かない。そこで、畑で太陽を待って作業開始することにした。「太陽と競争」と称して日々時間と戦っていた。一日一生懸命に仕事して今日も太陽に勝ったな、と日暮れにニンマリするような仕事に没頭する日々のなかで作物ごとの栽培方法、土づくり、作業の組み立てなど多くのことを学んだ。特に、時間の概念と、適期に作業を遂行することの重要性を実感できた。とにかく早く作業に取り掛かれば、その分早く終了する。早く作業が終われば次の準備もできる。早すぎて困ることは何もないのである。今でもわが社の若手社員には「先の仕事をしろ」と言っている。

故郷へ戻って

一九九二年一〇月、地元の志布志に戻って、最初の一年は先達である父に従っていたが、次第に自分で工夫しながら取り組みたい気持ちが大きくなってきた。自分の力を試したい。思った通りに仕事を組み立て進めるには、父の操縦する船に乗るのではなく、自分で「船」を操縦しないといけない。一つの船に船頭は二人はいらないと思うようになった。

当時は、主にゴルフ場などで使う芝生の栽培を手掛けていた。芝生の栽培は春から秋が中心であり、冬は業務が比較的落ち着くので、私一人で大根を作ろうと決めた。一九九五年、大根栽培の船頭になろうと決めたのだ。大根の市場調査にあたり、図書館で過去一〇年分つまり三六五〇日分の新聞で大根の値動きを調査した。その結果、この地域で多く栽培される漬物など加工用大根（白首大根）よりも生食利用が中心の青首大根の方が収益性が高いと判断し、青首大根栽培を決定した。植付け計画から栽培管理までの一連の業務を何とか乗り切り、いざ市場に出荷した時に大暴落が起こった。事前調査し計画を立て、必死に栽培した青首大根だったが、この大暴落により掛けた経費を回収するのも難しくなった。事業が失敗すると、お金が飛ぶようになくなっていくものだと、まざまざと実感させられた。ちょうど自宅の改築や農業用倉庫を建設しようという話も進んでいたが、青首大根の手当てをせざるを得なくなり、最終的には父からの資金援助を受けることになった。船頭は二人はいらない、自らの船を操縦しようと考えて青首大根の栽培を始めたものの、結局、父親の船に助けてもらうことになってしまった。

これを機に、農産物を「高く売ろう」という考え方から、いかに「損をしないか」という考え方に変わり、現在のわが社の主要事業である「契約栽培」にシフトしていった。

3　大規模集約農業への道のり

契約先に信頼を得る三つの鍵

契約栽培の初案件は、一九九六年、知人を通じて打診があったコンビニエンスストアで販売されるおでん用大根の栽培だった。数ヘクタールから始まり約一〇年で数十ヘクタールにまで拡大、コンビニ全店舗の一七パーセントをカバーする量を栽培するまでになった。

その後、芝生の生産販売は続けながら、青汁用のケール、スナック用ジャガイモと、契約栽培の品目を増やしていき、同時に売上も着実に伸びていった。作物を作って納めるということが仕事の中心で、その意味ではそれまでとは大きな変化はなかったが、作物ごとの栽培技術の向上、増える作物数や栽培面積に対応するための人員や費用の効果的な運営の仕方を、日々考えていた時期であった。現在、わが社の特徴となっている「工程管理」などの「仕組みの芽」は、この時期の思索の中から生まれたものである。

契約栽培は売り先が先に決まっているという点で、安心できる方法の一つだ。とはいえ、新規の契約を結ぶのは簡単なことではない。どのようにして品目数、つまりは契約数を増やしてきたのか。大きくは三つの鍵がある。

約束を厳守する

その第一は「約束を守る」ことを徹底したことだ。契約栽培である以上、契約を守るのは当然と思う人も多いかもしれない。しかし、農業は自然の影響を受けるため、工業製品と違ってすべてを生産者のコントロール下に置くことはできない。天候や災害の影響により約束していた期日や数量を守ることができない農家は、思いのほか多いのが現実だ。しかし、契約通りに作物が納入されないと、契約先であるメーカーは事業計画が狂ってしまい、計画していた利益を得ることができない。その結果、契約農家である私たちへも影響は出てくるものだ。契約先である食品メーカーと生産農家、お互いがそれぞれの役割を全うしてこそ事業の成功があり、Win-Winの関係になることができる。生産農家が最も大切にすべきこと、それは約束を一〇〇パーセント守ることだ。この「一〇〇パーセント」が信頼を得るために何よりも重要なのだ。

食品メーカーとの約束を守るには具体的な方策が必要である。基本的な考え方は、発生しうるリスクを織り込んで「必ず契約を順守できる計画」を立てることだ。たとえば、天候不順を考慮し契約数一〇〇に対して二割程多めに計一二〇ほど植え付ける。これは契約を永続的に続けてもらうための投資だと考える。つまり「契約を守りながら先々のために投資する」というスタンスだ。他にも天候不順や災害から生産量を守るため、そして作業効率を向上させるための設備投資は積極的に行う。具体的な例としては、契約栽培を始めた頃、大型台風襲来の予測に対して点在する畑地すべての圃場を覆えるほどの膨大な量のネットを買い、台風時に作物を守るため被せたこともある。作業者不足や作業の遅滞で納品遅れとならないよう、大型機械を購入し作業効率の向上も図った。もちろん高い買い物だ。少しでも長期間、順調に使用できるよう、日々のメンテナンスは念入りに行っている。

察する

二つ目は「察する」ことだ。察するというのは、相手の立場や状況を理解した上で何をすべきかを先回りして考えることだ。わが社では契約栽培を始める時、また契約後も定期的に契約先であるメーカーを訪問し面談している。こうすることで、期日・数量・品質といった表面に現れる取引情報に加え、取引には現れない「取引外情報」を得ることができる。企業の方針や現在の取り組み、今後何をしようとしているのかという企業・事業の本質的な考え方を理解できる。わが社はどのような課題解決ができるのか。そのことを真摯に考え実行していくことが、私の考える「察する」ということである。

この「察する」ことから、契約栽培事業に続く第二の事業「牧草飼料事業」も誕生した。商品名はサイロール®である。地元の消防団の飲み会の席で、牛の畜産農家が「牛に食べさせる草を分けてほしい」と言ってきた。そしてその話の中で、鹿児島の牛の畜産で使われる飼料のほとんどが輸入飼料に頼っているということも知った。この話のやり取りから、安定して入手できる国産飼料が求められているのではないかと考えたことが、牧草飼料事業のきっかけとなった。

調べてみると、かつて日本では自家で飼料作物を栽培して家畜に与えていたが、現在は

図１　飼料用牧草「サイロール」の生産

畜産飼料のほとんどが輸入物となっていること、その輸入飼料は継続的に高騰しており、畜産農家の経営を圧迫していることがわかった。高騰の理由は、世界的にバイオ燃料需要が増加したことで輸入飼料の原料となる穀物の供給不足および高騰が発生したことにあった。

そこで考えたビジネスモデルが手頃な価格で高品質な〝一〇〇パーセント・メードインジャパン〟の牧草飼料を生産・販売する事業である。地域の耕作放棄地を集約しデントコーンの本格的栽培を開始、契約栽培で確立した効率的な栽培技術と農業工程支援システムによる効果的な圃場管理を行った。さらに、乳酸発酵という過程を加えたことで良質な飼料を安定的に生産・提供できるようになったのである。

ＰＤＣＡサイクル

契約栽培で契約先に信頼を得る最後の鍵は「ＰＤＣＡサイクル（plan〈計画〉do〈実行〉check〈評価〉act〈改善〉のサイクルを実行することで、効率的な生産管理をする手法の一つ）」を回し続けることだ。契約栽培では相手の要求に応えられるだけの規模の生産が求められ、必然的に「作業の効率化」と増える作業員に対する「ノウハウの伝授」の方法

図2　飼料用デントコーンの広大な圃場と大型農機

を構築する必要に迫られた。

たとえば、わが社ではある時期までは日々私が細かく作業指示を出し確認していた。契約栽培の依頼が増えるなか、圃場枚数は三〇〇カ所を超え生育状況を現状把握しようにも、丸二日掛かるようになってきた。そうなると作業や圃場を効率良く管理し、ノウハウを蓄積する必要性を感じるようになった。そこで独自に開発したのが「農業工程支援システム」である。わが社のスタッフは全員、毎日仕事の終了時にその日実施した作業内容や圃場画像を「農業工程支援システム」に登録する。そして作物ごとのリーダーは、この登録情報をもとに作業の進捗状況を確認し、作業計画を立てる。さらに数年分蓄積したこのデータが、非常に貴重な生きたノウハウ・使えるマニュアルとなり、新年度の栽培計画を種蒔き前に日単位・作業時間数まで設定することができるようになっている。わが社にノウハウが積みあがり続け若手人材の育成スピードが速いのも、この「農業工程支援システム」があるおかげだと断言できる。

「約束を一〇〇パーセント守る」という方針と、それを実現するための計画立案、そして計画と実行を管理する基盤としての農業工程支援システム。基本的なことのようだが、これらにより契約栽培が可能となり、大規模集約農場を経営できている。大きな目標を達

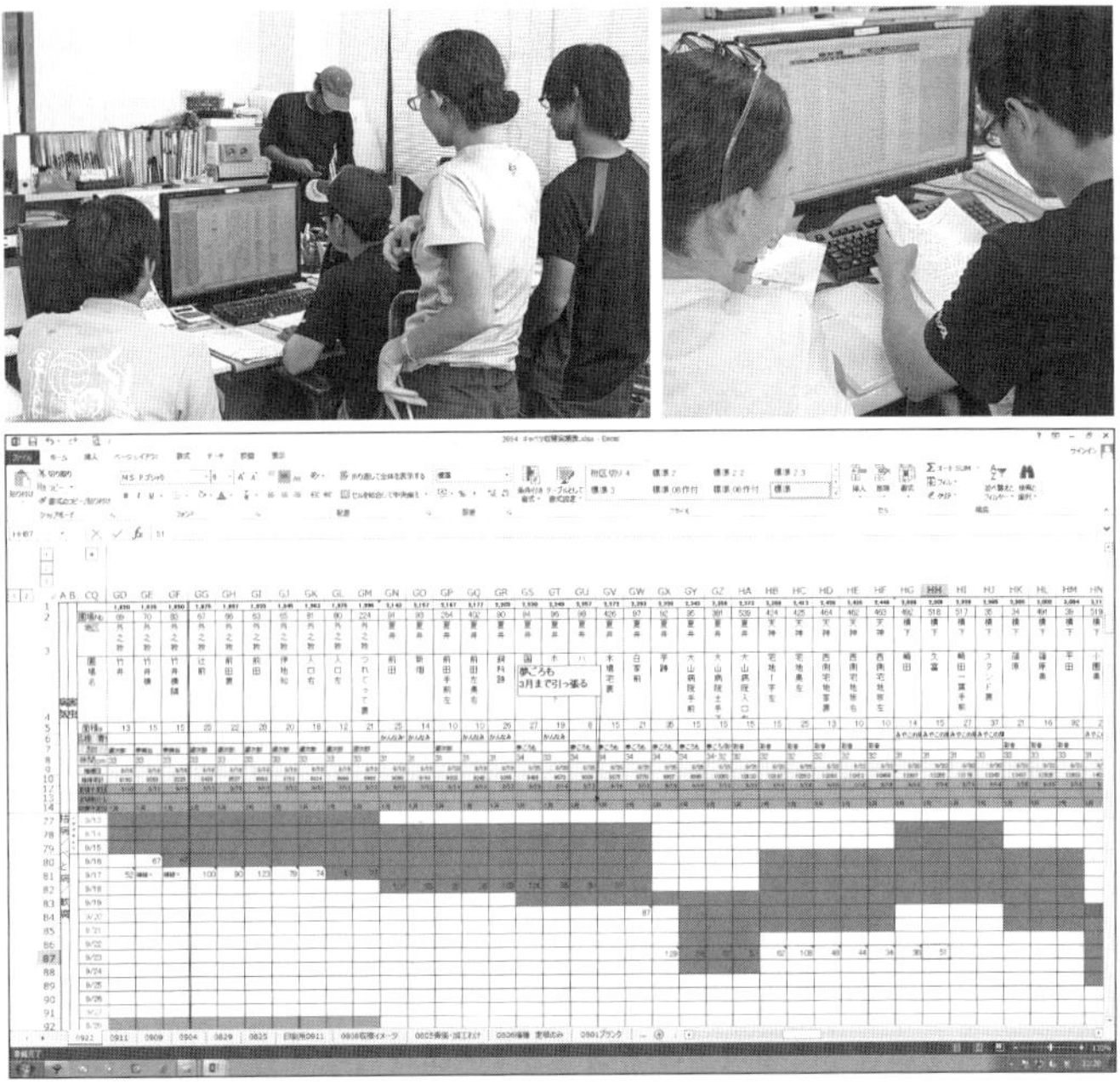

図３　「農業工程支援システム」により大規模圃場を管理

成するには、目の前のやるべきことを一つ一つ着実に取り組むことが大切だと日々実感している。

大規模集約と言うが、私の自己所有の圃場はわずか二ヘクタール、残り一〇〇ヘクタールが地元農家からの借地であり、志布志近郊に点在している。

4　「事業」から「企業」へ

視点の変化

第一の事業「契約栽培事業」が着実に拡大し、第二の事業「牧草飼料事業」が立ち上がるとともに、私の考え方も変わってきた。どんな作物をどの程度栽培するのかなどの「事業の経営」から、社会にとって価値を生み出し続けることができる「企業の経営」へと視点がシフトしてきたのだ。企業体としてしっかりとした形ができていれば、お客様や社会が必要とすることを、サービスや商品の形でいつでも提供できるはずであり、それこそが「事業」になるはずだ。そこでここ数年、企業の基盤となる経営理念作りやその共有、人材の採用や育成などに力を注いでいる。

経営理念

第一に重要なのは経営理念である。わが社の経営理念は「哲学的・環境的・経済的すべての価値観から見て成立し、融合する農業を志す」という考え方にもとづいている。

図4　株式会社さかうえの社屋

以下の三点が理念として会社の玄関に掲げてある。

①　私たちは、大自然の恵みに感謝し、自己の成長を志し、全ての幸福を追求します。
②　私たちは、旬をつかみ、幸せをプランし、自然の豊かさをお客様にお届けします。
③　私たちは、新しい「農業価値」を創造し、地域・社会に貢献します。

「哲学的・環境的・経済的」という三つの価値観から検討するのは、真に事業が成長・発展するためにはこの三要素が満たされる事業であることが必要だと考えたからである。これまでこの三つの要素は別々にとらえられることが多かった。たとえば、環境に良いこと（＝環境的価値）とお金を稼ぐこと（＝経済的価値）の両

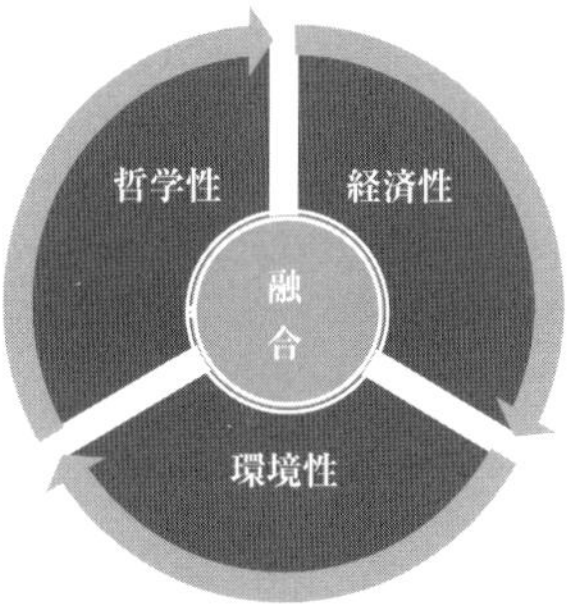
自身の生き方
⇒自分の生き方・信念と社会の利益を融合させ，世の中に貢献できるようにする考え方。
労働→経営→資本
⇒理想と現実を見極めて，継続的できる事業体質を可能にする考え方。
カーボンサイクル
⇒環境負荷の小さい仕組みで，事業を具現化しようとする考え方。
©SAKAUE CO.,LTD

図5　「哲学・環境・経済の融合」がさかうえのポリシー

立は難しい。たとえば、こんなふうに生きていきたいという思い（＝哲学的価値）と実際にその思いを事業で実現していくのは難しい（＝経済的価値）。こういう物言いはさまざまな場面で多用されてきた。しかし、本当は不可能ではない、実現することはできるし実現するように取り組みたいというのがわが社のスタンスである。

わが社の牧草飼料事業は、畜産農家で発生する糞尿を回収し、わが社のデントコーン畑の肥料として活用、収穫したデントコーンは乳酸発酵させ栄養価の高い一〇〇パーセント国産の飼料に加工して畜産農家に販売し家畜の餌とするという、畜産農家とわが社間で循環型の農業が成立している。まず、哲学的価値として、地元・

南九州地域の中心産業である畜産業に貢献しつつ、美味しく安心して食べられる食材を消費者に提供すること。この実現にあたり環境的価値として、地域内で有機物を循環させ地球に優しく自然への負荷を少なくした農法を実践すること。そして経済的価値として、畜産農家が納得して購入できる適正価格で販売して、わが社の事業としても採算性があること。三つの価値がすべて成立しているビジネスモデルである。

この事業については開始当初から注目をいただいていたが最近とみに問い合わせが増えているのは、このような循環型の農法や農業の考え方に興味関心が集まっているからであり、「哲学的・環境的・経済的」な価値が融合して成立するビジネスモデルだからである。資本主義や経済優先の行き過ぎの象徴的存在だった投資銀行や証券会社が破たんしたという事実、原発問題への世の中の反応に鑑みても、何か一つに偏るのではなく哲学的、環境的、経済的という三つの要素がバランスよく融合することによって初めて永続的な発展が可能になると言えるのではないだろうか。

経営指針書

この経営理念をはじめ、企業としての哲学や航路を示すものが経営指針書である。わが社では毎年経営指針書を作成し、三カ年の事業計画と今年度取り組むべきことを明確化した上で全社員と共有する。今では三十歳前後の若手リーダーが中心となって、経営指針書の構成や内容を学び検討し、次年度の経営計画を作り上げられる

図6　「経営指針書」をもとに作業工程の情報共有をする

ような体制になってきた。経営指針書づくりは若手社員育成の場としても機能するということである。

人材の採用と育成は、どんな企業でも常に試行錯誤している大きなテーマである。「企業の経営」ということを意識するようになってから、私は「さかうえ」を「社会のリーダー育成会社」にしたいと強く思うようになった。農業従事者の高齢化、増える耕作放棄地、食料自給率の低下など農業にはさまざまな課題がある。そして農業は人々の生活を支える食の担い手でもある。これら農業に関わる社会的課題を解決するには、自ら考え計画し、企業を経営し事業を運営していける農業人材＝リーダーが増えることが必要不可欠と考えるからである。社会や農業を取り巻く環境がめまぐるしく変化するなか、わが社の農業や経営に関する考え方や技術、つまり「さかうえＷＡＹ」を次の世代に継承しさらに進化させることができれば、農業を通じて社会に貢献することができるのではないか。私は常々、仕事とは「はたらく＝傍を楽にする」ことだと考えている。私は「よく働く」は最高の褒め言葉ととらえている。これからも多くの皆様から「さかうえの人はよく働く」と言っていただけるように努めていきたい。

そのためには、取引先や仕入れ先の方々、そして地域の方や地主の方々、そして社員をはじめ未来の農業者にわが社の考え方を正しく理解してもらうことが非常に重要だと考えている。企業パンフレットやホームページなどを活用した企業広報にも力を入れ、定期的に見直し、リニューアルすることで、同じようなビジョンをもって協力し合える仲間と知り合い、新しい価値を作り出し続けたいのである。

5　変化する社会と農業の役割

地球最適化

契約栽培事業に始まり、牧草飼料事業、そして農業法人への農業工程支援システムの導入を通じた農業経営ＩＴ化事業などにより、わが社は規模としては日本で上位一パーセントに入る農業生産法人となった。これからどうするのかを考えるとき、キャベツやピーマンの生産量で日本一をめざすのかという問いには、否と答えている。確かに生産量は品質の安定やノウハウ構築という面で重要な観点ではあるが、生産量の目標は「経済的な目標」であり、それだけではわが社の経営理念に沿っていることにはならない。「哲学的・環境的・経済的」の総合的な観点から、現代社会と現在の農業界に貢献できる方策があるのではないかと考えている。

そのキーワードが「地球最適化」である。

この言葉にたどり着いたのは「経済的アプローチだけではすべての課題を解決することはできないのではないか」という自らへの問いかけであった。経済的効率を重視しすぎたあげく安全性の低い食品が出回ったり、商品に虚偽の記載をするなどの事件が二〇〇〇年代になり毎年のように発生した。サブプライムローン問題をきっかけとしたリーマンショックなどの金融危機の発生は二〇〇八年のことだった。化石燃料を短期間に多量に使い、地球環境が悲鳴を上げている。これらはすべてその時々では「合理的」な行動だったはずだが、総合的な観点で見たときに「非合理的」な行為の連続だったと言える。

合理性はものごとを検討するときに、確かに重要な視点ではある。しかし合理性を近視眼的にとらえてしまうと、人間にとっての合理性のみを追求してしまう危険性がある。人間にとっての合理性は人間にとっての快適性と読み替えられ、それは真の合理性ではない。人間中心の考えだけで行動する。私たち人間にとっての快適さでものごとが進んでいく。これでよいのだろうか。この社会は人間にとっての快適の追求には耐えられないのである。

生態系との融合

たとえば経済の合理性を追求していくと、環境保全の観点は考慮されず、必然的に環境を破壊してしまうことになる。幸せになることを目指して農業をしているのに、環境を破壊するという目標と相反することをしているのでは、というジレンマに襲われた。環境と経済に関する問題の困難さに焦燥感を覚えた。それは先述のように牧草飼料事業のヒントをもらった後、事業として立ち上げようと決意することの後押しとなった。

これからの新しい合理性（合理的思考・行動）のためのキーワードが「地球最適化」だと考えている。「人間」にとっての快適から「地球」にとっての最適へ。「私たち」にとっての快適から「世界」にとっての最適へ。人類はもちろん植物や動物などの自然、地球のすべての生命にとっての「最適」を合理的に判断していく必要がある。つまり、「地球にとっての最適」＝「地球生命活動の持続可能性を最適化する」という価値観だ。持続可能性を最適化するには、現在の豊かさや幸せを私たちだけではなく子孫に伝えることができるという時間軸の観点が必要になる。未来を描いたマンガの一コマのような、戦争や環境汚染により地上に住めなくなった人類が地下都市を形成しているような風景にはしたくない。何億年も前から生物が生態系的進化を続けた後、人類による人工的進化の時代となったが、これからは生態系的進化と人工的進化の融合を図っていく時代にしていくべきである。それは自然の進化と人類の発展を同一軸で考えることでもある。「地球最適化」というコンセプトにもとづいた農業、それが私たち農業者に課された最大の課題であり急務と考えている。

6　学問と実践をつなげてイノベーションへ

大学院で学んだこと

私は、一農業人として一企業人として、これまでさまざまな失敗と成功を繰り返し、多くを学ぶことができた。自分たちが農業を通じて得た、また今後得ることができるであろうさまざまなノウハウや経験を、世の中に役立つように直接的、間接的に還元していくことがわが社の役割であると認識している。それを実現するためには、私一人が先頭に立ち指揮を続けるだけでは限界があると考える。なぜなら一個人の時間や思考は有限だからだ。一人で取り組む限り、すべては私次第。私が思いつかないことは私の思考を超えては実現できない。残念ながらこれは歴然とした事実だ。

そこで現在の取り組みとしては、ヨーロッパや南アメリカなど世界の経済や農業の視察、学校での研究活動（二〇一〇年より九州大学大学院生物資源環境科学府に入学）により、私自身の思考の枠を広げる努力をしている。しかし、いずれにせよ私一人では限りがある。そこで二つ目の策として、わが社の社員が成長し、主体的に考え知恵を出しあうことで、会社としての可能性を拡大するための流れを作ろうとしている。また、現在、異業種の企業とアライアンス（提携）を組んでいくつかの事業を進めているが、これも単独企業では成し遂げられないことを実現していくための取り組みの一つである。

積み上げられた英知の上で

私自身の思考の枠組みを広げたいと思い社会人として大学に通い研究活動を始めたが、その中で痛切に感じていることがある。大学の研究者たちは手当たり次第に研究を行うのではなく、これまでに積み上げられた人類の英知を学びながら研究活動を行っている。そして一定の理論にもとづいて体系化された、新しい智慧や方法、技術を生み出すのだ。私たち農業者や経営者も、すでに明らかになっている優れた知識や方法を学び活かすことで、効率的・効果的に経営や事業創出ができるのだろう。

それは、アカデミックな世界ですでに研究されてきた人類や地球の環境問題を把握した上で、環境の問題を解決しつつ経済合理性を追求できるビジネスモデルを開発し、農業者として経営者として実践して現実の社会の中に答えを出していくということだ。それは私たち農業者・経営者の役割だ。一方、研究活動は学者・研究者の領域だ。この方法で学問と実践が結びつけば、今までにない方法で社会の課題をビジネスで解決できるに違いない。幸い、私は経営者になってから大学院で学んだおかげで、学問の成果を社会の実践へとつなぐことができる農業者になれると考えている。

7　これからの世界とさかうえ

さかうえの強み

さかうえが何をもって社会に貢献するかと考えたときに、明確な強みをどこに持っていくかが非常に重要である。社会で必要とされる「強み」でなくてはならないのだ。

たとえば世界を見渡したとき、農業が力を発揮するのはまずは途上国である。経済が発展する際、最初の基盤となるのは農業だからだ。これは歴史的に明白なことであり、人類の生命活動に直結する衣食住を司る農林水産業、すなわち一次産業が最初に必要とされ、そこから二次産業、三次産業へと進んでいくからである。

世界が今後直面する重大な課題の一つに人口爆発があげられる。現在、七〇億人の世界人口は、二〇五〇年に一〇〇億人になると推計されている。国連人口基金（ＵＮＦＰＡ）事務局長のババトゥンデ・オショティメイン博士は『世界人口白書二〇一四：一八億人の力　未来を変革する若者たち』の序章でこのように記している。

いまだかつて、これほどの多くの若者がいたことはありません。経済的・社会的進歩にとってこれほど大きな可能性をもつ時代は二度と来ないでしょう。若者のニーズや願望にどのように応えるかが、私たちの将来を決めるのです。重要なのは教育です。青少年が修得する技能と知識は、現在の経済に関連するものでなくてはならず、彼らが創意工夫に富み、物事をよく考え、問題を解決できる人になれるようにするものでなくてはなりません。（中略）この人口ボーナスを手にするには、組織的な能力を開発し、人的資源を強化し、雇用拡大をもたらす経済モデルを遂行し、包括的統治と人権の保障を推進するための投資が必要です。国際的支援によって、変革者、起業家、変革の推進者、指導者となるべき若い世代の潜在能力を開花させることができます。

つまり、人類の発展のチャンスを確実な果実とするためには、教育・訓練による人材を育てつつ経済を発展させることが大切なのだ。これは若者が増えるのに仕事がない状態にならないよう、予め計画する必要があるということだ。経済活動の中に居場所が作れない、つまり就業できない若者が多いと失業による貧困が発生し、結果として犯罪率も上がり治安が悪化、安全な社会が形成できなくなる。このような事態を招かないために、たとえば私たちのような農業と経営の考え方や技術を身につけた者が、新しい価値を創造するビジネスモデルを途上国に移植することができれば、これから経済発展を迎える世界中の国や地域に貢献できる可能性があるのではないか。もちろん、世界の途上国すべてを支援できると考えているわけではないが、基本となる考え方や行動様式、そしてビジネスモデルを一つ実現することができれば、後に続く人や組織が現れるなど、他国や地域へも何らかの影響を与えることができると信じている。

海外からの呼びかけ

このような考えに至ったのは、海外の農場や農業関連企業からアライアンスやコンサルティングなどさまざまなオファーが届いているという事実がある。日本の農業技術と経営ノウハウは進んでいるととらえられており、高い関心が寄せられていることの証拠だ。私自身、四〇歳を過ぎた頃、残された人生で何をやろうかと考えたときに、人類の発展にどう貢献できるかと考え始めていたのである。その気持ちと国内外からのオファーには合致するものがあった。必要とされるならば手助けをしたいという気持ちは大きい。

しかし、実際に現地に行ってみると、そこには常に問題が山積していた。広大な土地はあるが道路がない。道路があっても人がいない。人はいるが教育や訓練がされていない。そもそも日本人のように勤勉に働くという概念がない。指示しても動かないなど組織としての指示系統が機能しない。情報がないため非合理的な農法を行っている。間違った情報が信じられていることもある。作業に無駄が多い。旧型の機械等を使っている。効率のよい投資ができていないなど……。どこに行っても同じような問題に直面するのだ。仮に彼らの要望に応えようとするならば、かなりの力量を持った指導者が必要になる。日本である程度の指導力が発揮できる人でないと、現地でとても何かを成すことはできないだろう。

経営力ある人材の養成が必要なのだ。

事業と経営を両立できる人材

それは海外に限った話ではない。日本でも事業と経営ができる人材は求められている。日本の農業を取り巻く課題は相変わらず山積している。最近は日本の大手企業が農業の将来性に期待を寄せているが、この際にも農業と経営ができる人材が求められている。日本でそして海外で、農業の事業と経営ができる人材を求められたときに、一人で行ってやりとげられるリーダー的人材を多く養成できれば、解決できる課題も多いはずだ。

世界はこれから人口爆発の時代となる。人口爆発となると国が発展する最初に必要となるのは衣食住、基本的なニーズの充足だ。同時に増える若者の雇用と教育・訓練への対策も必要だ。先進国が環境より経済を優先した結果、どんな課題を抱えているかがわかっている今は、環境と経済を両立させられる人類の永続性を考えた社会作りが行われていく必要がある。私たちの日本は少子高齢社会に突入している。生活を支える食であるのに、その食の生産の担い手が高齢化しているのだ。そこで私たちは何によって社会に貢献できるのか。「社会のリーダー育成企業になりたい」と常々考えていたが、その思いはさらに強くなり、必要性を実感することは増えるばかりだ。

ＮＨＫスペシャルで『JAPAN BRAND』という番組が放送された。日本で磨き上げたサービス産業を日本式サービスと呼び、それらを提供する学習塾や理容室などが海外で受け入れられ、さらに拡大している様子を伝えていた。日本の農業も、既存の強みをさらに磨き上げることで、日本でそして海外で必要とされる場面があるはずだと確信した。

これからのさかうえ

私たちは、農業を企業的に行う「農業生産法人」という会社である。農業生産法人とは、農地法第二条七項に規定された呼び名で、法人が農地や採草放牧地を所有、あるいは賃借して、農業経営を行う場合に農地法で掲げる一定の要件（事業・構成員・役員）を満たした法人のみを指す。

会社である以上は、持続的な経営とそれに必要な利益の確保を目指すことになる。経営は社会にとって新しい価値を生み出すための統合的・組織的な活動であり、新しい価値は私たちの生活を豊かにする。わが社の経営理念に「新しい農業価値の創造」という言葉があるが、これまでの契約栽培事業・牧草飼料事業・農業経営ＩＴ化事業などの既存事業を発展させながら、さらに新しいステージでの事業を実践し続けるつもりだ。もちろん、わが社の経営理念に照らし合わせて、人間の幸福を考え（＝哲学的価値）、地球環境と人類の永続性を踏まえた上で（＝環境的価値）、発展的な経営活動（＝経済的価値）を、変化する時代に合わせて高次元で融合できるビジネスモデルでなくてはならない。

そのためにはいくつか必要なことがある。

まずは人材育成だ。社会的課題意識を持ち経営を牽引していくリーダー的人材が必要であり、そういう人材が育つ環境を準備しなくてはならない。農業を志す若者を受け入れ、優秀な農業者、そして経営センスを身に付けたリーダーを育成していく。

次いで社内のみならず、社外においてもリーダーたる農業者の育成を図るつもりだ。中小規模の農業者・農業法人と提携・出資などのアライアンスによる関係構築を基盤としながら、農業技術の熟達・採用や育成などの人材確保・企業体としての組織運営・経営などの面で農業経営をサポートする。この方法による農業のリーダー人材の育成はすでに始まっている。

そして、まだ夢ではあるが、研究者のコンソーシアム（共通目標を持った異なる分野の共同体）のようなものを作りたいと思っている。農業者が研究者とともに農業技術や農業経営、ビジネスモデルなどについて研究する場というイメージである。農業者自身が費用と時間を確保して研究し、事業や経営に結びつけることを創発（新しい段階への進化）と考え、それを事業や経営に結びつけることができれば最善ではある。しかし、自然を相手に事業を営む農業者には、現実にはコンソーシアムへの参加は難しいところがある。そこにこのコンソーシアム構想がまだ踏み出せない理由がある。しかし、この新しい経営発想がビジネスモデルとして現実化され、日本でやっていくことができれば、農業界に大きなイノベーションを創出できると思う。

社会に眠る知を掘り起し統合することで、一般的には難しいと言われがちな環境性と経済性を両立させ、幸せな生活に直結した農業を作り出せるはずだ。小規模であれば、哲学的・環境的・経済的な価値観を具現化する農業を有機的に実践している人、たとえば篤農家と呼ばれるような人々が各地にいる。しかし、それを社会的インパクトがある規模や量、つまり社会の要求に応え貢献できるレベルで実現できている大規模農業の事例は、まだない。だからこそ、さかうえが取り組む意義があると考える。これがさかうえの挑戦である。

第4章　新鮮組と日本農業の可能性

——減反と農協への反旗——

岡本重明

岡本重明

（おかもと　しげあき）

1961年，愛知県生まれ。
農業生産法人有限会社新鮮組代表取締役。

愛知県立成章高校卒業後，家業である農業の世界に入る。父を早くに亡くし，祖父が行っていた電照菊栽培に就くが，一大決心の後イチゴ栽培に入る。その時点で地元農協と決別。苦労の末スーパーにイチゴを卸し成功したが，人手が確保できず栽培作物の変更。水稲の受託生産や農業資材の販売で事業拡大。三井物産との連携で海外進出のきっかけをつかむ。現在，水田30ヘクタール，畑５ヘクタールを自作するほか，75ヘクタールの水田耕作を請け負う。タイでのコシヒカリ栽培など，さまざまな事業展開を自分の理念と実体験から果敢に推し進め，現在，日本における大規模農業のリーダーの一人となっている。著書『農協との30年戦争』（文春新書，2010年），『田中八策』（光文社，2012年）が話題を呼んだ。

1　減反政策と農協への疑問

「減反」の無意味さ

農業の世界に入ってはや三〇年以上が経った。その当時から農業後継者は少なく、農業関係団体からは、「君らは金の卵だ、日本を背負っていく自覚をもって農業に挑んでほしい」と言われていた。まだ若かりしころの純粋な気持ちで農業に携わっていたが、一向に儲からない。腑に落ちない規則がまかり通る。おかしな規則は数多く存在したが、私がはじめて気づいた理不尽な規則が「減反政策」であった。当時から愛知県渥美半島の農家は利益の少ない水田農業から転換を進め、施設園芸・露地野菜農家へと農業スタイルを変えていっていた。

当時の農家は家族経営が主体であり、家族の人数が農家の売り上げを左右していた時代だった。パート雇用も珍しい時代で、大家族イコール大百姓の時代であった。保有農地が少ないわが家は半農半漁の生活であったが、四二歳で父が脳卒中で急死した。高校までは行かせるが大学まで行かせることはできないと家族に言われた。高校卒業と同時に家業に入り、親戚の多くが電照菊栽培農家（ビニールハウスで照明を使って栽培する方法）をやっていたこともあり、小さな畑のビニールハウスで祖父と母が電照菊栽培で家計を担っており、その跡を継ぐことになった。何も知らない素人であった私は、先輩農家を訪ねて技術指導を受け、菊部会という農協の組織に所属して電照菊栽培を行っていた。

少ない自家保有の田んぼとあわせて、他人から借りた水田での稲作も営んでいた。家族経営、家族の労働人数による収益の差に対し、負けん気の強い私は、農業技術、経営について独学でさまざまな角度から勉強をしていった。

水稲農業に対しては国から決められた政府米以外の販売はヤミ米として違法扱いされていた時代だ。「コメを作るな、作らなければ金を支払う」、減反政策とは一言で表せばこのような政策だった。親から引き継いだ農地は、田んぼ四七アール、畑三一アール、農業だけで生活するには少なすぎた。農家から水田を借り借地料を支払いコメも栽培していたが、栽培面積に対し強制的に減反を強いられた。減反させられても地主に借地料は支払わなければならない。そういう状況が続いた。

みんなで決めたことという「大義名分」の裏に潜む、農協組織のための国の政策。この政策に従うことを強いる農村共同体。減反に従っても、農協施設の拡充のためにしか資金は使われず、個人には一銭も給付されない政策であった。地主には地代を払わねばならないが、コメを作ってはいけない。国からの助成金は減反協力農家に支払うことなく農協設備の拡充に充てる。経営的に黒字に向かう行動、すなわち減反に反発しコメを栽培することはヤミ米として違法扱いされ、個人の自発的経営というものは許される環境ではなかった。国の農業政策は、行政と農協のためのものであり、農家にとってのメリットはなく、農家にリスクだけが増える制度だと確信した時代であった。

農協に逆らうことは孤立を意味した

自分の経営を守り発展させる、そのためにどのような行動をとるべきか。答えはわかっているのだが、その一方で田舎は農協組織が牛耳る社会であり、農協に逆らうことで地域コミュニティでの生活がうまくいかなくなる。自分の農業経営者としての利益と生活空間の確保、それと地域との関係。それらのことで葛藤が続く。やがて、どちらを選ぶか決心すべき時が来た。農協職員のいい加減さに異論を唱えた瞬間、農協や兼業農家から一斉攻撃が始まった。

葛藤の末、農協との決別を決断した。自分の農業経営を組織や地域は守ってはくれない。

自分の経営は自分で守り発展させていくしかない。思いどおりに歩むことは同時に棘の道を歩くことにつながることは容易に想像できたが、やるしかなかった。「農協の生贄になる人生は歩かない」、そう心に誓い自らの道を歩くことを決断した。

2 イチゴ栽培へ

売り上げ急落に苦しむ

菊の仲間から離れ、イチゴ栽培に転換したが、農業技術の乏しい私は、イチゴ栽培の教本と農業改良普及所の技師の先生だけが頼りであった。現場と机上理論の差すらわからず、農業経験も少ない私に実際の栽培がうまくいくはずがない。やがて教科書と普及員の指導だけで栽培できると錯覚していた自分の甘さに気づいた。売り上げは菊栽培時の半分以下まで落ち込んだ。菊栽培時に建てた栽培施設の負債も抱えている。だが負けられない。逃げることはできない。海岸埋め立て造成地での土木作業の仕事があり、夏季二カ月間休みは不要、早出残業も大歓迎という決心で現金を稼ぎ、農業での負債の返済に充てた。いくら働いても小遣い銭もままならないのが専業農家の現実である。二カ月働くだけで農業の返済金と多少の小遣いが出る土木作業。その時に建設機械の操作や移動式クレーンの操作も覚えることができた。当時お世話になった土木会社からは就職を求められ、離農するか農業を続けるのか心は揺れた。しかし「農業で一旗揚げる」というその決心のために、組織と地域にケンカまで売って独自の道を歩くことを選択した己の心に言い訳はしない。そう自分に言い聞かせ農業の道を歩くことに決めた。

イチゴ栽培の師と出会う

後にイチゴ栽培の師と仰ぐことになった隣市のイチゴ農家と出会い、栽培の教えを請うた。すると今までが嘘のような優良イチゴ農場に変わり、収入も菊栽培時と同額くらいになった。教科書とは違う、生産者から直に学ぶことの大切さをあらためて実感した。イチゴは菊と違い電気料金などの栽培経費が少ないため生活はずいぶん楽になった。

しかし家族労働者が少ないわが家では、イチゴのパック詰め作業が栽培面積拡大の支障となっていた。栽培面積はまだ少なく、規模拡大は可能という見込みはあった。しかしイチゴは出荷時のパック詰め作業に多大な時間が必要で、そのため規模拡大ができない。家族の少なさ、すなわち労働力の少なさに苛立っていた。しかしパック詰め以外の時間はあがきた。

りあまっていた。そんななか、地元の喫茶店のマスターからスーパーとの直接取引の紹介

スーパーは朝摘みでトレーによるバラ出荷でいいので、パック詰め作業が不要だ。渡りに船とはこういうことだ、「お願いいたします」と即答した。パック詰め作業が省略されれば規模拡大に向けて大きく前進できると常々考えていた矢先の話だった。

スーパーとの取引開始

取引は始まったが、すぐ順風満帆とはいかない。市場出荷のときは味へのクレームはなかったが、スーパーでは味に対する評判がすぐさまクレームという形で表れてきた。とにかく味覚、スーパーにとっては味覚が一番重要なのだ。どうやっておいしいイチゴを作るかという難題が降りかかった。有機農法、微生物農法、肥料の特性など、おいしいイチゴ栽培への技術向上の勉強に明け暮れた。品種の選択から始まり、肥料の種類や自家製ぼかし肥料(有機質を発酵させて作る速効性がある肥料)作りなど、いいと思うことはすぐ実行した。勉強の甲斐あって、二年程かかったが、なんとか高い評価を頂けるようになった。評価が上がるとともに生産量を増やすことをスーパーに求められた。だが土地がない。そ

こで廃業する農家から土地を借り、イチゴ栽培面積を増やしていった。

この時代はパック詰めなどの出荷調整作業に労力がかからないため、経営的に楽な農業を行うことができた。暇な時間が苦痛な私は、農業機械が好きな性分もあり、稲作に興味を示していた。あわせて当地域では水田稲作は農家にとってやっかいな農作業であった。畑や施設園芸が中心の農業地帯であることも重なり、水田を貸してくれる農家が増え始めた時代でもあった。そうして次第にイチゴ、ミニトマト、水田オペレーター兼務の経営となっていった。

3　受託水田耕作への転換

農業生産法人の設立

経営が順調に伸びたのはバブル崩壊の波が襲ってくるまでであった。というのもバブル崩壊後、スーパー側がイチゴのトレーによるバラ出荷体制をパック詰め出荷体制に変更を要請してきたのだ。バブル崩壊によるスーパーの人員削減が理由であった。少ない人員での経営体制を構築していた私にとって、パック詰め作業に戻ることはもはや不可能であっ

図１　「新鮮組」の社名看板

た。イチゴに見切りをつける決断を行うしかなかった。地元農協とはあいかわらず険悪な関係であったが、運がいいのか悪いのか、隣町の愛知県渥美町の農協から稲作オペレーター業務の依頼が来ていた。

「よし、隣町の農協の話に乗ってやろう」と、その話をつなげてくれた知人らに、大きな仕事になっていくから、農業生産法人を立ち上げようと声をかけた。知人らと合意のもと、農協と折衝し条件などをすりあわせ、農協からの水田作業受託を行う契約を結んだ。ところが契約を結んだ直後、会社設立の出資ができないと知人らが言い出した。農協とすりあわせも済ませ、作業受託を引き受けた手前、いまさらやめるとも言えず、私個人で会社を設立することになった。当然借入金も責任もすべて私一人になった。

こうして農業生産法人「新鮮組」が誕生した。今ではよく聞く言葉である「農業生産法人」であるが、当時は農業生産法人の要件もわからず、県の農業総合試験場の技官に相談し、やっと定款を作成できたという時代であった。イチゴ栽培の方も、道義上、いきなり

図２　大型農機を使って水田整備

「やめます」とは言えず、町内のイチゴ農家をスーパーに紹介しながら二年の時間をかけて撤退した。

悪条件との格闘

農協からの水稲作業請負業務には予想外の問題がたくさんあった。田んぼの一筆あたりの面積が一〇アール未満と小さく、しかも分散している地域であり、機械での作業には最悪の環境であった。収穫作業時の圃場環境も農家が「水切り」という作業自体を知らないことで、機械がスムーズに動かない超湿田での刈り取り作業であった。

野菜生産の大規模農家が多い地域で、

コメ販売は農家自身が考えておらず、自家保有米すなわち自分の家で食べる分だけ採れればいいという感覚だ。そのような条件下での作業受託は利益を考える前に、依頼された請負作業を無事に片づけるということが先行し、利益が上がるには遠く、赤字が続いた。この地域特有の慣習から、モミすりを行わず、モミのまま農家が家で保管する稲作は私もはじめての経験であった。通常の乾燥作業も、モミすり作業ではなく乾燥のみのためライスセンター委託となり、作業の流れ方が想像をはるかに超え、加重負担が生じたりもした。

自家保有米ゆえ味覚に対して農家はうるさく、青刈りでなければコメはまずいという地域神話が残っており、収穫時期ともなれば我れ先に刈り取ってほしいと催促の電話が鳴りやまない状況であった。計画を立てることができない作業では利益が出るはずもなく、三年間で設備費あわせ一億円を超える借り入れを銀行から行わざるをえない状況となった。破産という言葉が頭をよぎり不安な日々が数年間続く時代に突入した。

事務員雇用の決断

仕事をこなしてもこなしても赤字は続く。作業の段取りや事業計画、作業代金の回収など、農場での直接作業以外の間接作業すなわち事務作業の重要さに気づくが、赤字ゆえ従業員の雇用に踏み出す勇気がなかった。しかしこのままでは破産は免れない。先祖にも申し訳が立たない。経営改善を行うことができなければ破産の時は確実に来る。金も余裕もないが、パソコンが普及しうまく使えれば事務作業の効率化ができると確信し、事務員の雇用に踏み切った。そのおかげで作業計画の整備、売り上げの把握、従業員の作業進行の把握といった事務作業を効率化することができた。受託圃場の把握も進み、単年度黒字に変わった。ようやく経営の手応えが感じられるようになってきた。

しかし作業量の割に利益は少なく、儲かる仕事とはかけ離れているのが実情であった。利益を得ることが難しい問題点はどこにあるのか。問題は多いが、なかでも水稲作業時期の集中が大きな原因であることはわかっていた。すべての顧客から同じ時期に作業依頼が来るので作業が一時に集中し、それが大きな原因で利益が上がらない。

そして水稲苗は農協が販売供給する慣習である。農協は苗の販売が目的なので、作業時期の分散などは考慮しない。苗販売の利益だけで農協は動いているのだ。苗の供給時期を狭め、品種も県が決めているからとの大義名分で、「あきたこまち」と「コシヒカリ」の二種類に限定する。その結果、収穫時期が狭まり、乾燥設備や収穫用農機が大がかりになる。稼働日数が少ない作業は機械の償却と効率を悪化させる悪循環につながる。こういうあたりまえの思考が補助金依存体質となっている農協にはできず、利益からはほど遠い作業体系を農協は構築していた。

こういう状況でも黒字を出す経営を行うことは、長時間重労働を社員に強いることにつながる。地獄の稲刈り、これが新鮮組の実態であったのだ。社員の入れ替わりが激しく技術を伝授する前に逃げていく、そういう状況が続いた。しかし地獄の稲刈りから逃れられるような体制変更を新鮮組自身ではできない時代状況が続いた。受託作業を出してくれた農協への恩義の一方、経営の責任はすべて私一人という葛藤が続いた。

農協の合併と大きな転換

私と険悪な関係の地元農協と、半島にもう一つあった赤羽根農協と、私に仕事を出してくれている渥美町農協の三つが合併し、新たに「愛知みなみ農協」が誕生した。合併から二年後、それまで続いていた受託作業の話し合いは一方的に農協からの命令に変わっていった。恩義を感じていた職員が組織から追われたと同時に農協との決別を決断した。農協は別の業者に受託作業先を変更し、当時の組合長は私を絶対に許さないと言い放った。私は賭けに出た。夜中まで泥鼠のように働き、少しでも早く顧客農家の要望に応えられるよう社員を馬車馬のように働かせながらこなしてきたこれまでの作業実績から、顧客農家は新鮮組に直接作業の依頼をくれると信じての行動であった。

しかしその考えは甘かった。私の会社に委託作業を依頼する農家は激減した。「農家の意識とはこんなものか。夜中まで働いてきたのは一体なんのためだったんだ。今までの努力は一体なんだったんだ。農家と私との関係はこの程度のものでしかなかったのだ」と、さみしさと悔しさで心は折れそうになり涙が自然に出てきた。しかしこれはいい勉強をさせてもらったのだと自分に言い聞かせることにした。無理に仕事をこなす必要はなかったのだ。むしろ残ってくれた顧客に余裕をもって接しながら作業をこなせる環境になったのだ。自分で自分を慰め冷静に対処するように心がけた。

ところが、農協が新たに発注した受託業者は、その受託作業をうまくこなせず、初年度途中から顧客が戻り始めた。結果、農協はたった一年で受託作業をこなすことができなくなり、早々と事業の撤退を決めた。私は過去に無理難題を言ってきた農家からは受託作業を断ることにしたため、それが新鮮組の主導で作業を行える体制構築ができることにつながった。農協を介さぬ独立した営業となり、現在は農協から受託していたときの倍の面積を請け負わせて頂いている。結局、経営は自分の責任であり、自分でしか守れない、この言葉をかみしめることになった。

三井物産との取引開始

稲作経営は代金回収を年間一回の収穫後にしかできない。しかし農場作業は年間を通じて行わなければならない。水稲作業時期だけのアルバイトの雇用だけでは農業技術の教育ができない。作業技術の向上には年間雇用が必要だがその人件費が捻出できない。これが現実だった。正社員雇用に必要な安定財源確保が必要だと真剣に考えるようになっていた。水稲以外の農作物栽培を手がけるべきか悩んでいるとき、三井物産大阪支社食料部から新たな仕事の依頼が来た。

それは三井物産専属出荷の農家を取りまとめ、三井物産独自の農産物生産の栽培基準作りをするというものであった。三井物産独自の基準を作るにあたっては、資材も独自のものが必要となる。「三井基準」と称し私が原案を手書きし、事務員がワープロ清書する形で三井基準なるものを完成させた。基準に準じた栽培には独自の肥料などが必要となってくる。その資材調達のため中国、フィリピン、韓国など東南アジアに頻繁に派遣された。はじめての海外出張では、資材調達に足を運びながら、時間の許す限り観察を行ってきた。

有機質肥料の原料や、化学肥料、農業機械の消耗部品のアタッチメントなどの調達、海外での日本人の生活様式、海外農場の実態など、興味あることはすべて見てきた。

三井物産の事業は野菜の販売で事故があり閉鎖になったが、海外で開発した肥料や資材などの関連会社が直接私と取引を継続していきたいと言ってくれ、それは今も続いている。

安定雇用と農業資材販売

社員の安定雇用の問題であった水田作業以外の仕事として、農業資材販売という仕事を作ることができた。順風とまではいかないが、海外メーカーに対し製品品質のフィードバックを行いながら、少しずつではあるが利益を得ることができる事業に育ってきている。資材販売と正社員雇用にあわせて、冬季野菜であるブロッコリーやキャベツなどの野菜生産も始めることができ始めたのである。農家の目からみれば簡単な農作業であると感じるが、農業経験のない社員たちは、何をどうやればいいのかわからない。機械操作も一から教えるが、圃場の条件などでマニュアルどおりには操作できない。社員たちの悪戦苦闘が続く一方で、会社からみれば利益の食いつぶしが進むことになるのだ。しかし今の会社形態の原型がこの時点の悪戦苦闘で基礎ができたと確信している。野菜生産は言葉では簡単

図3　農業資材販売の主力商品・トラクター用鉄のツメ

であるが天候に左右され決まった勤務時間内の作業では思うような結果が出せない。悪戦苦闘と忍耐の時代は続いた。まさに我慢の時代であった。

社員の技術の向上、スピーディーな作業進行、日々の作業をやりきるというマインド教育。これらはなかなか難しい問題だ。社員も入れ替わりがあるなか、思うように結果が出ないまま時間ばかりが過ぎていく。「野菜を作れば野菜の分だけ赤字ですよ。水田の利益を食いつぶしていますよ。土木業者に人材として派遣し給料分だけでも赤字が出ないようにすれば会社の経理は楽になりますよ」、こんな意見も事務方から出てくる始末であった。私は社長として「ありがとう、よく会社の実態を金銭から把握してくれているね。経営視点でみたら当然の意見だ。それも理解できるが、会社がその道を選べば会社は楽になるが社員の給料の上昇は達成できないよ。給料上昇には社員の野菜生産性の向上が必要不可欠なんだ。会社は社員一人ひとりのものだと思う。社員の給料上昇に向けて運営を進めることが必要だと思う」と、事務方を説得しながら社員の技術向上を目指した。

　農作業についてこられない社員は退社し、また新人が入社する。この繰り返しが続き技術向上なぞはるか先の夢のように感じていた。この頃の新鮮組は、世間で言うところの「ブラック企業」であったと思う。ところがある日を境に会社が変わった。一人の新人社員が入社したとたん、あっという間に技術を覚え社員の労働ペースメーカーとなったのだ。この社員はまず仕事をやりきる。残業が続くが、彼が現場での作業を引っ張ることで他の社員も動く。結果は半年後に出た。野菜で利益が取れる体制に変わったのだ。「勢い」という言葉を肌で感じることができた。ここだと思い、この時点で事業方針を固め実行に移した。再び決断のときであった。すべての分野で黒字を出す、鉄は熱いうちに打て、叱咤激励が続く。新鮮組は期待以上の答えを持ってくる社員たちに恵まれた会社に変わったのだ。

4　国内農業への国際社会からの影響

価格暴落への備え

前節まで新鮮組の設立と展開を簡単に書いてきたが、ここでは海外農場の経験と今後の日本農業の展開について書いてみたい。

農業を取り巻く環境というより国際社会の環境が激変していく時代に突入した。農業においても、国内で栽培し市場や問屋に出荷する従来の農業方式では、この先農業経営の道が見えないと感じる時代になってきた。いくら作業効率を高めようがコメにおいては六〇キロ玄米が一万円を割るという時代が目の前に迫っていると感じる。露地もの野菜においても、この数年異常な高値が続いただけのことであり、いつ大暴落の時代が来るかわからない、そう考えるのが正しい認識であると思う。

農産物販売価格については暴落というリスクが絶えず起こりうるのが昔も今も現実なのだ。農業生産法人として将来を見すえての経営をする使命があると感じる。農産物相場が安いから利益が出なくても仕方がない、では済まされないのが経営なのである。どんなときでも利益を出す。利益を出すことが経営者の責任なのだ。農業を取り巻く環境がいかに変わっても利益を出し続ける。利益を出すにはどういう行動をすべきか、昼夜問わず頭から離れることはない。

利益の出る農業

国内農業で安定的な利益が出せる経営にするため今何をすべきか。さまざまな角度から全力でシミュレーションし、思いついたら書き留めるようにしている。

ＴＰＰによって海外農産物との戦いになる。一般家庭での調理は時代の流れで中食の比率がもっと高くなるであろう。コメの味といっても、安価で勝負する牛丼チェーン店などではコメの味は重視されないだろう。食の形態が変わってきていることを認識する必要がある。今までの日本的な農業の形態や発想では消費者に受け入れられない時代が迫っている。時代は絶えず変化していくのだ。

では、どうすればいいのだろうか。もっと規模を拡大し生産コストを下げるか、などと将来に向けての方針を検討する。さまざまなメディアから政治家や農業評論家などのコメントが流され、あたかも規模拡大、農産物輸出を行う経営でなければこの先生き残ることはできないかのような数字が列挙される。まるでその方法でしか今後の日本農業は成り立っていかないような気持ちにさせられる。日本において諸外国と肩を並べる規模拡大が可能な地帯はどこか。北海道か、九州か、北関東か、それがどこであれ生産規模の競争で海外と戦うことは不可能と考える。仮にできたとしてもそれは日本のごく一部の地域だけだと考えざるをえない。

おいしい農産物を作れる日本であるから輸出すればよいと唱える学者もおられるが、はたしてそうであろうか。日本産農産物は安全であるから素性のわからない海外産農産物が輸入されても日本の消費者は受け入れないだろう、と楽観的に唱える人々もいる。しかし本当に海外で日本と同品質の農産物は生産できないのだろうか。一方で、安価な牛丼においしいが高価なコメは使えないし、チェーン店のカレーに日本産米が絶対必要なのか。日本の農産物が安全という具体的事実はどこにあるのか、など自分自身で考えてみる。必ずしも素材自体の味覚の良さを必要としない食文化が進んできている。現代社会では、安価なコメが求められている、それが現実なのだ。低価格店では味は調味料で調整できるのである。

ブランド力

釜で炊いたおこげのあるごはん、新鮮なイワシを干したメザシ、鰹節を削りじっくりとった出汁と、麹で作った本物の味噌で作る味噌汁。こういう条件の日本食ならばおいしいコメが必要であろう。しかしどんぶりやカレーなどではコメだけでおいしいと感じる品質は必ずしも必要ではないと考える。

こういう現実を素直に受け止めたうえで農業の先をみすえた計画を立て、実行しなければならない。国内では新潟県魚沼産コシヒカリが一番おいしいと言われ、同じコシヒカリであっても愛知県産コシヒカリはブレンド用にまわされる。食べ比べても味はさほど変わらないと思うが、これが「ブランド力」というものなのである。

私が感動したコメは、北海道札幌の市場で食べたご飯だ。おいしいと素直に感じた。かつて北海道のコメはまずいといわれていたが、昨今の北海道産のコメは素直においしいと感じる。私の経験では、日本国内においてはまずいコメに遭遇することの方が珍しくなっていると感じる。ところが海外の日本料理店ではコメがまずいところも多い。海外産ながらジャポニカ種を使っているというのだが、日本ではまずお目にかかることができないほどまずい。このような理由から日本のコメを海外に輸出すれば売れるということを学者や専門家はおっしゃる。トマト、メロン、イチゴなどほとんどすべての農産物の味覚は日本の方がおいしい、ゆえに海外に日本農産物を輸出することで農業が活性化できるという論理である。

5　海外試験農場へ派遣

タイへ

コメをはじめ海外産が実際にまずいという現状は否定しない。しかしこれは、あくまでも現状ではという前提での見解である。というのもタイでコシヒカリを試験栽培した経験があるが、味覚においてはさほど日本産コシヒカリに比べて劣るということはなかった。海外で流通しているジャポニカ種とは比較できないほどおいしいコメが生産できたのである。タイではコシヒカリは作れないという神話が流れているが、それが事実ではないことを実証したのである。

これは高温時のシラタという高温障害に対する管理や、日本とは気象が違うため播種から収穫までのイネの生育ステージなどの違いを考慮しさえすれば、それほど難しいことではない。むしろ海外での仕事では人との関わり方がもっとも難しい。フランクにつきあうとなめられる。高慢な態度で接すると農民が逃げる。このバランスと、仲介する現地日本人の現地における信用度の方が仕事に対する影響は大きいのだ。

ある日、元タイ熊谷組の社長大野氏から電話が入った。「タイで日本式農業の指導者を求められている。指導してもらえないか」という内容であった。「タイで日本式農業？何を指導するのですか？」「なんでもいいから一度タイに来てほしい」との要請であった。

とりあえず行くことにした。タイ側企業としてＳＳＧという会社社長や、シンハー社社長らが出迎えてくださった。「日本式の野菜、果物、コメなど、なんでもいいからタイで栽培できないか」という非常に大まかなオファーであった。

そこで思案した末、

① 露天式水耕栽培方式による高温下でのリーフレタス類の試験栽培。

② シンハー社のチェンライ農場においてコシヒカリの試験栽培。

この二つのプロジェクトから始め、順次軌道に乗せていくという方針ができた。途中、洪水にみまわれ露天水耕栽培は中断することになったが、場所を変え露天水耕農場レストランがオープンするまでになった。高温下でのリーフレタス栽培は、今では現地の人々の努力も加わり、日本方式をアレンジしたことで、味覚も日本以上と思えるほど素晴らしいレタスが栽培されている。今後の展開としてこの技術のフィードバックを用い、沖縄や中東などでの事業の計画が持ち上がってきている。

日本米栽培

コシヒカリ栽培というよりも「日本米生産」において、タイでの栽培は成功し、味覚もいいコメができた。しかし、タイ人エリートの嫉妬が事業を妨害するという事態を招くことになった。

シンハー社社長の特命事業であったコシヒカリ栽培。一度目は四〇〇キロ／ライ（一ライは〇・一六ヘクタール）という悲惨な収穫量であったが、二度目には九〇〇キロ／ライという高収量を得られた。その結果をもとに事業拡大に向けて日本のコメ卸業者も加わり会議を始めた。ところがある日、部長と名乗る人物が出てきて、「コメでは事業利益を得ることが難しい」「日本人の指導者経費が高い」などと難色を示し始めた。あとからわかったことだが、日本人がタイ企業のトップと直接事業を構築することが、タイのエリート社員として許せないことだったことが判明した。しかしその試験栽培において、とにかく味覚も収量も満足できる栽培技術を得ることはできた。

日本のコメ卸業者も私もタイでのコメ栽培事業に大きな魅力を感じ、その夢を捨て去ることなく日本企業どうしで新たに栽培を始めた。日本米は東アジア諸国においては比較的冷涼な場所で栽培することが常識とされていたが、タイ滞在歴二〇年以上という日本人ブローカーを使い高温地帯での試験栽培を行った。

図４　コシヒカリの指導に出かけたタイの農地で

ここで変わったドラマが始まった。「農家を取りまとめ、自分の指導通りの栽培を行わせる」という前提でのスタートであった。しかし私はこの人物をはなから信用できないことをコメの卸業者に伝えたうえでの試験栽培開始であった。

図５　現地での米作りの勉強会

「肥料を入れましたか」「入れていると思います」、「葉色はどうですか」「いいと思います」と、このブローカーは、現地の人々に伝えるべきことを明確に伝えず、というより伝える語学力がなく、自分勝手な行動をとるだけであった。結果は、虫の大発生、肥料不足などで散々な結果に終わることになった。

私はなぜ薬が効かないのか、なぜ肥料が効かないのか理解できず、「肥培設計」から「防除体系」に至るまで、すべてがわからないという状況におちいってしまった。言うとおりに作業を実行してくれていてこの結果なのか。満足には遠いがコシヒカリの味がしたことだけが唯一の救いであった。自分の技術はまったく役に立たないのかという自信喪失、途方に暮れるという状況だった。

インドネシアへ

そこでいったんタイでの指導を離れることにした。インドネシアでもう一度試験栽培を行ってほしいと提携企業から言われ、自信のないまま試験に入った。ここでは言うとおり実行してくれるインドネシア農家と、確実に通訳してくれる通訳に恵まれた。

タイよりも高温地帯での試験栽培だったが、驚くべきことに草丈一〇〇センチオーバー、分桀数一二本以上、一穂一三〇粒以上がたわわに実るコシヒカリが誕生した。私の栽培指導は間違っていなかったのである。すごくうれしい結果だった。このインドネシアでのコシヒカリ試験栽培の結果、東アジア全域での日本米栽培マニュアルを完成することができたのである。

一方タイにおいては私を外した栽培で散々な状況に追い込まれたと聞いた。インドネシアに同行し確認した提携企業担当者は、その結果を見て涙を浮かべ海外日本米事業の道が見えたと歓喜してくれた。

海外において農場を始めようとする場合、技術的問題はさておき、知ったかぶりでいい加減な日本人ブローカーに振り回される事例が多すぎるというのが実態である。このような失敗と成功にゆさぶられながらも事業成功へ向かって歩むことを止めないのは、海外事業が成功した時の大きな喜びが見えるからである。

海外での奇妙な体験

タイにおけるコシヒカリ試験栽培農場での作業中、隣接した場所ではイチゴが栽培されており、つまんだところやはりまずい。作業中おいしいイチゴが食べたいと思い、それならばと、一部分を私の専用スペースとして自分の知識を用いて管理した。そうすると甘酸っぱく果汁豊富なおいしいイチゴになったのだ。このように海外においても日本に準じた味覚の農産物は栽培が可能なのである。

日本産が味覚に優れているから海外に輸出できるというのは間違いではないが、海外で日本産に準じた味覚の栽培技術を普及させた場合どうなるのか。この部分が欠けた論調に危惧を感じている。

この海外試験農場で作業していたとき、一人の日本人が訪ねてきた。イチゴの栽培を指導してほしいとの依頼であったが、それは丁重にお断りした。同朋からの頼みであったが冷たくあしらうしかないのである。というのも彼には日本の指導者がついていたからである。内容を聞いて愕然とした。指導に来た日本の指導者は若く、イチゴの性質などをほとんど理解していないように感じた。

なぜそう感じたのか理由を述べよう。日本では今、「章姫《あきひめ》」という品種のイチゴが人気である。甘くて大粒なイチゴだ。私も過去日本で栽培したことがあるが、「とよのか」イチゴのときに感動した味覚にはほど遠く、おいしいが次のイチゴにまで手が出ていかない。とよのかの場合はイチゴがなくなるまで手が止まらなかったのとは対照的だ。私は、とよのかと比較して章姫は果汁と香りが少ないと感じていた。ただ甘いだけの品種だからだろうか。

また、この品種の大きな欠点は、日本での商品価値は三月下旬までで、温度が高くなってくると果肉が軟弱ゆえ輸送に耐えられないことであった。そういう栽培経験を持つ私にとっては、なぜ高温のタイで栽培するイチゴが章姫なのか疑問であった。確かに栽培地帯は北部山間地でありタイ国内では比較的涼しいとはいっても、昼間は日本の真夏より暑い。販売には車で八時間以上かかるバンコク市内まで運ばなければならない。そういう事情があるにもかかわらず、なぜ章姫なのか理解できなかった。

最先端栽培技術と安易な技術移転への疑問

彼の指導者とも会ったが、私の疑問である、なぜ高温で果肉が柔らかくなる性質の章姫を推奨したのかに対し答えてこない。本当にイチゴの指導者なのか疑問が頭をよぎる。話を聞くうちに、彼自身ある栽培システムを利用し観光農園を日本で経営していると答えた。道の駅に隣接した場所で経営しているとも聞いた。なるほど、そういうことだったのか。それ以上聞かずとも背景が見えてきた。日本では農業後継者が不足しており、過疎化防止とあわせ行政が至れり尽くせりの環境を若手農業者に与える。最新鋭の栽培システムを導入すれば補助金の対象になりやすい。このシステムは、農業経験や技術が不要であり、マニュアル通りの作業をこなせば、誰でもそこそこの収量と品質を確保できる。品種もそのようなシステムにあうものを導入する。それが「章姫」だったのだ。

このように、技術の習得ではなく栽培管理システムの習得が今の日本農業の実情だといっても過言ではないだろう。日本の最先端農業技術とはマニュアル通りにやれば、誰でもそこそこに栽培できてしまう技術のことであり、従来の農業に必要な経験というものがほとんど不要となるものだ。

ここに錯覚が生じる。農業指導者という肩書きはついていても、実態は企業が開発した栽培システムの管理者であるということだ。気象も違う、インフラも違う、病害虫の種類も違う、そういう環境において、マニュアルの整備された最先端技術のシステム管理者では対処できないのが農業というものなのだ。臨機応変、現地農民の作業技術や現地の農業資材、農機具にあわせた作業プログラムの構築が必要であり、栽培指導の目的は、なによりも日本同様の味覚と収量をあわせ持つイチゴの栽培技術指導なのだ。

最先端栽培システムに用いる培地、これは土の代わりに使う資材のことで、やしがら、ピートモスなどが主になり、主に東南アジアで生産されている。栽培に必要な培地は現地で調達が可能である。そこで、日本の農業栽培システムを持ち込めば栽培できるであろうという程度の発想の人々が多いのだ。現地のイチゴの多くは固くてまずい。これが一般的なタイのイチゴだ。品種が悪いからと一言で片づける者が多いが、それは根本的に見方が違う。なぜ固いイチゴなのか、甘くないのか、ここに疑問点を持っていくべきだ。そういう発想が農業指導者には必要なのである。

栽培環境を見極める目

品種のせいにすれば簡単で、誰のプライドも傷つけることなく問題は片づく。しかし、おいしいイチゴを作る道は見つからないままだ。なぜタイのイチゴはまずいのか、イチゴとはどういう性質を持つ植物なのか。イチゴは多年草で果実は温度が段々あがることで色がつく。ここにヒントが見える。タイのようにいきなり強い太陽光線を浴びる環境では、果実は高温にさらされ、味がつく前に色が来る。それゆえに固くて酸っぱいイチゴとなるのではないかと推測できる。そこでまずやるべきことは直射日光を遮ることで、登熟日数を少しでも遅らせることだ。肥料は昔の日本と似ていて尿素中心の即効性化学肥料神話が通用していた。

こういう農業知識で栽培が行われている現実があった。この現実に則して、タイでの私のイチゴ栽培は、竹を割ってアーチを作り、寒冷紗で日よけを行った。同時に米糠でぼかし肥料団子を作り株間に施肥をした。これで想定通り、甘酢っぱく果汁あふれるイチゴに変わったのだ。このイチゴをバンコクに戻るときに持って行った。これを試食したタイの責任者は「日本にいつ帰ったのか」と聞いてきた。「いや帰っていませんよ。チェンライで作ったイチゴですよ」と私。信用させるのに少し時間はかかったが、ほんの少しの改善で味覚を変えることが可能であることを実証することができた。

こういうことが農家の実力なのだ。したがって日本の農家の力を活用すれば、海外でも日本同様の味覚を持った農産物は比較的容易に栽培できると考える。私の経験から日本で培ってきた技術の応用さえできれば、諸外国においても日本に準ずる農作物の栽培が可能である。それで「日本の農産物は優れているので高額で海外に輸出できる」という安易な論調には異を唱えるのだ。

さて、困ったことに私は「日本の農産物は優れているから輸出できる」ということを否定した。ＴＰＰによって安価な農産物が逆に日本に入ってくる。輸出は長期的にみれば、技術の流出で先が詰まる可能性がある。お先真っ暗なのであろうか。しかし心配は不要だ。勝てる農業が日本で「容易に」構築できる。ただし、大幅な規制緩和ができればの話ではあるが。

6　世界で勝てる農業の構築

生産者の利益確保という視点

世界で勝てる日本の農業という命題に対して、机上の数字や海外農業をモデルとした政策や既得権団体保護政策のなかでは、その糸口さえみえないであろう。生産者の利益確保を目的として整理しながら思考すれば解決法はみえてくる。明るい日が射してくる。一つは日本国内農業に対する発想の転換である。もう一つは日本人主導の海外農場展開である。

日本国内農業の現状は誰でも知っているように後継者が激減した。そのために地方は過疎化が進み限界集落・崩壊集落が増え続け、猫の目のように変わる行政施策は後継者に過保護以上の補助金を出す。なぜこういう状況になったのか、誰も理由を問わない。原因はたった一つだ。農業の生産現場で利益が出ないからこういう事態を招いたに過ぎない。農業の生産現場で利益が出る構造が構築されたなら、地方が抱えるほとんどの問題は解決に向かうと信じている。

農業利益の確保が必要であるという名目で、国は稲作農家に対し戸別所得補償などの目先のカネをばらまく。農協、農政は戸別所得補償を農家が手に入れるための作付け体系の指導を農家に行い、農家は補助金を手に入れるために組織に従うという構造ができている。みせかけの農業利益を作り出すために補助金をつぎ込む。つぎ込んでも地方の問題の解決とはほど遠い現実が繰り返されるだけなのだが。

逆に自発的に利益を追求し己の道を歩く者には徹底的な締めつけを行うという本末転倒の農業政策を行政は進めている。農業は世界視野で見ても儲かっていない産業なのだが、一方で、すごい利益を上げている農家も存在する。最貧困層に留まる農家と、高所得を上げている農家との違いはいったいどこにあるのか。

ある成功者の例

貧困の例を見ると、バンコクのハッポン通りには日本人向けの飲み屋が多い。ここで働く女性たちに話を聞くと、彼女らは地方の農家出身者が多い。家族に仕送りが必要なのだとも言う。学歴社会のタイでは大学卒業者でなければ企業エリートの道はない。優秀であっても学費が用意できなければ、がんばっても高校までしか進めない。職を求めバンコクに来るが、安価な賃金ゆえ夜の世界に足を踏み入れる娘も多い。親、兄弟姉妹に仕送りをし、負のスパイラルからの脱却を目指す家族思いの女性も多い。農家の貧困が生み出す世界的な社会現象だ。

利益の取れない農業はまだ世界中いたるところに存在するが、一方で利益確保に成功した農業もある。タイ農家の一例を紹介しよう。タイでは自分の作った果物や野菜をバイク付きリヤカーで引き売りを行うお母さんたちをよくみる。農場で収穫した果物を卸業者にそのまま売るのではなく、自分で消費者に売る。収穫した果物をそのままの形で売るのではなく、カットしたり皮をむいたり、必要ならシロップなども付けてすぐに食べることができる形にして直接消費者に販売している。この売り方をすることで卸業者に納める数倍の価格で売れるという。

また、二ヘクタールほどの規模というとタイでは普通の農場規模だが、そこの農園主はマンゴーだけを栽培するという単一作物栽培農業ではなく数種類の果実を混植していた。農園全体を計画的に設計し、レストランや週末宿泊客向けのコテージも農場内にあわせ持つ。このコテージでは自社農場の果物を使い、フルーツケーキ類を製造販売している。農園レストランにおいてはこの地方の郷土料理のメニューが並ぶ。この形態を導入して五年で車が購入できるようになったという。

規制という罠

同じような栽培面積、同じような農産物であっても、販売の方法だけで利益率は大幅に変わる実態をみることができる。それでは日本の農業はどのような形態なのか。農家は作物を栽培して収穫し、農協経由か問屋経由かスーパー経由かは別として、世界の貧困農家と同じ原料供給型の農業スタイルが多い。ならば日本でも利益の出る農業スタイルに変えればいいと短絡的に考えるが、この日本という国では、そこに「罠」が仕掛けてあるのだ。「規制」という罠である。普段はみえない罠ではあるが自発的行動を起こそうと動き出した途端、目の前にこの罠が現れるのだ。

どのような罠があるかといえば多すぎてすべては語れないが、数例紹介しよう。今、日本では円安による飼料の高騰にあわせ、牛乳に対する消費の激減で酪農家たちが悲鳴を上げている。「日本の酪農の灯を消すな」と叫びたいくらい深刻な状況が彼らを襲っている。その一方で、バターが足りないとバターの緊急輸入が行われ、消費税増税と円安に便乗しバター価格の値上げが行われている。バターの原料である乳牛農家は採算がとれず廃業に向かい、牛乳を原料とするバター、チーズは足りなくて緊急輸入。この矛盾はどこから来るのか、不思議に思わないのであろうか。バターやチーズが高いのなら酪農家が自分で作ればいいと考えるのが自然な考え方だと思う。実際自ら加工し店舗を構え発展している酪農家も現れてきてはいる。ではなぜ多くの一般酪農家が悲嘆に暮れているのであろうか。ここに理解不能の規制が存在するのだ。

酪農家が生産する牛乳は「組合への全量出荷もしくは全量自家処理」という規制が存在する。日本の農業政策の流れのなかで、酪農家は大規模経営に向け一生懸命に努力してきたのだ。農政の指導のもと組合を作り、牛乳メーカーに対し団体交渉を行うという大義名分のもとで全量組合出荷という制度を選択してきた。畜種は大量に牛乳を出すホルスタイン種。ほとんどの酪農家は同じような経営体系を構築してきたのである。

乳牛の管理方法などで病畜などの多い少ないが酪農経営の命運を分けてきた。しかし今の時代では乳製品原料が海外から安価に入る時代となり、また牛乳離れの波にさらされ、個人の努力では克服できない時代が訪れている。全量を組合へ出荷せよという規制の緩和を行い、自分で加工する分を除いて組合出荷を認めるという規制緩和だけで、経営内容はガラッと変わる。まして、食に対し本物を求める時代、大手加工メーカーが原料に海外の脱脂粉乳などを用いた製品に対し、酪農家が自ら製造する製品は一〇〇パーセント自家牧場の原料という強みが発揮できる。そういう社会環境は整ってきている。農政が時代を見誤ったことを反省し、総量出荷という規制を緩和するだけで利益を得る経営への転換が容易に進むはずだ。

酪農を目指すのならば自分で製品まで作る。優位な製品を作るためにはみなと同じホルスタイン種以外の種類の選択も必要となるであろう。たとえばニュージャージー種などを選択し、飼料も酪農家が作りたい製品のための飼料を自主生産しようと考えるようになっていくはずだ。大規模な飼育を目指すのではなく、自分が思う製品を作るために適切な頭数になっていくと考えられる。

他方、稲作農家は減反政策・戸別所得補償を得るためにダイズやムギを栽培する。栽培の目的は戸別所得補償という助成金を得るためだ。ダイズやムギは国内の大手醸造メーカーに出荷される。国際価格が安いため安価な価格で卸すことを求められる。ゆえに生産者に戸別所得補償という名目で助成金を出し、国内醸造メーカーは海外穀物価格に近い価格で国産原料を入手できるシステムだ。ＴＰＰ適用となれば遺伝子組換えダイズの表示ができなくなり、国産ダイズの価値は隠れてしまうことが想像できる。今のままＴＰＰ締結を迎えると、国内においてもコスト削減の名目で遺伝子組換え作物が普及し始めるであろうと予測できる。ダイズは何を目的に栽培するのか、ムギは何を目的として栽培をするのか、悲しいが今の日本農家のほとんどは考えていない。戸別所得補償を得るための指導のもとに栽培しているだけというのが実情なのだ。

商品供給型農業へ

国際競争に勝つ日本農業の確立は、経済のグローバル化が進む現代社会においては急務である。国際競争力に勝てる農業とはどういう形態なのか。一言でいえば原料生産型農業から商品提供農業への転換であると考えている。原料供給型農業は世界の農業者を貧困社会に定着させてきた。日本農業も然りだ。

では商品提供型農業とはどのような農業なのか。代表例を挙げればサンキスト、ドール、デルモンテなどがある。サンキストはオレンジ農場経営が母体の企業だ。オレンジの供給にあわせ、ジュースの製造販売で世界戦略を構築している。ドールはバナナ農場が母体だが、今やカット野菜、缶詰などで世界販売網を構築している。デルモンテは母体のパイナップル農場にあわせ、缶詰、カット野菜、パイン牛というブランド牛も世界戦略構築している。農場で栽培された農産物をそのまま販売するだけではなく、さまざまな加工を施し販路を構築する体系は、同じ農業であっても補助金頼り、保護願いの原料供給型農業とは異なり、世界販売戦略という攻めの農業が実現できるという実例があるのだ。原料供給型農業から商品供給型農業への転換が世界で勝つことができる日本農業のスタイルだと私は確信している。

世界に対して日本の強いところはどこにあるのか。日本人の強い部分は何なのであろうか。民族としての強さに対して、私は素材の味がわかる民族であるということ、「いい塩梅」という臨機応変の対応ができる日本人の特性にあると思っている。国土の強みに対しては、亜寒帯から亜熱帯までの豊富な温度帯を持っていることと、標高差の大きな起伏があることだ。

あわせて今の官僚には感謝することは少ないが、近代日本構築時代の官僚の人々が行ってきた農場整備や電気などのインフラ整備は素晴らしいと感じている。農場は狭いが、つねに水平に平坦に整備され、農業用水も確保されている農地が日本全国津々浦々に張り巡らされている。電気もほとんどの場所で使用できるくらい国土を網羅している。

自然環境においては、四季という季節の変化があり、きれいな水が豊富に湧き出る国土。日本の国土の素晴らしさは海外農場と比較してみることでわかる。農場面積だけが国土の広い国に対し弱点と感じるだけであり、その他の農業生産に必要な条件は世界に秀でた環境が整っている国だ。そういう環境にあわせて、日本人が潜在的に持つ本能である自分の仕事に対するプライドや勤勉さは世界では類を見ることができない。そういう環境や人材が揃っているにもかかわらず、なぜ日本農業は弱いといわれるのか不思議でならない。これが私の素直な感想なのだ。売れる商品を農業で作り出す。いや、地方には海も川も山もある。農業というより第一次産業中心の地方で、消費者に売れる商品を生産者が自ら作り出すことができる環境整備、すなわち「規制緩和」こそ日本の地方が抱える大きな問題を解決する糸口になると思っている。

「故郷弁当」構想

売れる商品の条件とはどのようなものであるのか。人類にとって必要なものであることはまず間違いない。誰でも購入できる価格で提供できるものであることも必要であろう。そのような商品でなおかつオンリーワン商品であるのならば無敵の商品だと思う。これら三つの要素をあわせ持つ商品を日本の地方で生産できるとしたらどうなるのであろうか。生産に関わる人材として、高齢者から中間層、若手、合わせて障害を抱えている方々が相集い商品生産に関わることができるとしたら、どのような波及効果が期待できるのであろうか。想像するだけでわくわくしてくる。

私は故郷《ふるさと》弁当というものを提唱している。農場で生産されたものや山で採れたもの、川や海で捕れた食材を使い、地域の生産に関わる人々の手で弁当に加工する。日本国内各地域で、豊富な特産品や伝統食などを活用し、個性あふれる弁当ができあがると考えている。弁当を作るには多種多様の食材が必要となってくる。現在の農協主導の農業では指定産地補助などの名目で、小アイテム大量生産が主体となっており多種多様の農産物栽培はされていない。こういう一因もあり地域指定農産物栽培に適さない農地は耕作放棄地となってきた面もある。

愛知県の渥美半島はキャベツやブロッコリーの産地である。キャベツやブロッコリーは湿気が多い所や日陰では栽培に適さないため、そういう場所は放棄され荒廃してきた。しかし弁当食材に必要なものは多種多様であり、日陰に適した自然薯や、滋養強壮成分を持つ薬草なども必要である。多湿地帯ではレンコンなども栽培に適する。

弁当を生産するためには多様な食材を作る必要があり、そのために多様な環境が必要で、これが遊休農地の解消につながる可能性は大きい。雇用においても、地方の顔すなわち伝統文化を持つ故郷弁当には郷土料理というアイテムが必要不可欠となる。郷土料理の指導者はまさに高齢者のおばあさんたちだ。おばあさんたちの伝統を引き継ぎ後世に残すためには中間年齢層の方々も大切なポジションとなる。彼らは重要な実務者となっていくであろう。幼い子供を抱える若い主婦たちは伝統食にあわせ、米粉のパンやピザなどを作れる。

こうして地方においては、故郷弁当によって三世代間のコラボ事業が創出されていく。わかりやすく具体的構想を示してみる。コメを使うおにぎりや炊き込みご飯は伝統文化技術を持つおばあさんたちの得意技であろう。コメの粉を使った団子や餅も伝統食の部類に入るであろう。米粉からピザやパンなどの食となると若手主婦たちの出番だと考える。コメから生まれる商品によって高齢者が得意とする食、若い世代が得意とする食、双方を作り出すことができるのだ。障害を抱えている方々は、遊休農地などでヤギの飼育に関わってもらうこともできる。ヤギが生み出すヤギ乳は、そのまま飲むことには抵抗があるが、チーズやバターを作ることで高付加価値商品が生まれてくる。ヤギ乳のチーズを米粉のピザに乗せて焼く、こういう商品も簡単に生産ができる。故郷弁当を作る視点から地域をみることで、いかにこの国が素晴らしい環境をあわせ持つ国であるかみえてくるのだ。

作ることは容易にできても販路の構築はどのように進めるのかが大きな問題となる。作っても利益を得て売ることができなければ机上の空論である。販路の構築は段階を踏みながら進む必要がある。スタートは地産地消からが無難であると考える。農地レストランや道端での販売が無難であると考えている。

農地法の壁

しかし販路構築などのためにも農地法や食品の製造加工や販売所に関する規制緩和が大

幅に必要となる。一例として無意味な条例の典型をあげると、愛知県においては県条例で「石焼釜での販売は石焼釜の設置場所が屋内でなければならない」というものがある。隣の長野県、三重県、岐阜県では存在しない条例だ。このことを愛知県知事に直接話したこともあるが、知事は逆に「そうなんですか」と怪訝な様子だった。不要な条例通達などが多く存在する実態が日本にはある。ここでは細かな規制については省略するが、農地を農業生産以外に活用しようとした場合、農地法という大きな壁が存在する。ほかにも事業を計画し実行しようとした場合、ありとあらゆる関係省庁の規制が目の前に現れてくるのだ。

そのような規制を排除する実験的な地域を「農業経済特区」という言葉で国も認める動きが出てきた。たとえば兵庫県養父市などがこの農業経済特区に指定された。ようやくチャンスが作られたのである。地域の成功が今後の日本の地方の状況を左右していくといっても過言はない。地域限定ではあるがこの国が動き出したことは事実なのだ。ここでは売り場も作れるような環境整備が始まる。売り場があっても消費者が受け入れることができる商品となるためには販売価格も重要な要素となる。地方で生産者が作ることで販売価格は低く抑えられ、しかも農場生産利益、加工人件費は十分確保できる体制が構築できる。

おにぎり価格から見える米価の謎

おにぎりからシミュレーションしてみる。二〇一三年の生産者米価は六〇キロ玄米一万二〇〇〇円前後であった。これはほとんどのコメ生産者が赤字で採算が取れない価格なのだ。ではいくらなら採算が取れるのか、はっきりいって採算が取れる価格基準は存在しないと思う。私の会社では決算からみた場合、九五〇〇円で何とか黒字を保てるのが現状だ。儲かっているとは言えない数字ではあるが。生産者米価に対し一万二〇〇〇円を農協組織が一万二五〇〇円に引き上げたとしてもほとんどの生産者が儲からないのが現状であり、価格補償のために支出される国費は無駄使いにつながるのである。価格補償は政府の農家に対するパフォーマンスでしかないと考えている。

米価はたとえ生産者の利益が出ない価格であっても、数字だけで海外産のコメと比較し、高いとマスコミや消費者たちはこぞって批判する。その一方でコンビニなどで売られている一個一〇〇円のおにぎりに対して消費者は安いという。このおにぎりをコメに換算すると一四万四〇〇〇円という数字が、ざっくりとした計算ながら出てくる。*

マスコミはこのことを知っての発言なのかはなはだ疑問である。生産者に対しては、生産者米価一万二〇〇〇円（六〇キロ玄米）が高いと言うが、コンビニ販売時のコメ換算価格一四万四〇〇〇円に対しては安いと言う。具体的な計算は省くが、仮に農場の米販売価格を二万円とし、加工賃を三万円とした場合でも、おにぎりの生産原価は一個三六円という数字になる。販売場所を簡素化し粗利をざっくり三〇パーセント乗せて販売した場合でも、販売価格五〇円のおにぎりが実現するのだ。

このおにぎり価格が先述の故郷弁当の価格設定の発想につながる。市販の半額の価格で販売したとしても、農場生産価格は確保でき、かつ地域雇用の人件費も確保できるという計算が成り立つのだ。このような発想で自ら生産したものを自ら加工し販売することで、国際競争に勝つ要素を持つ商品が生み出せると確信している。

＊　おにぎり一個に使うコメは約三五グラムである。六〇キロの玄米は精米すると約五七キロの白米になる。この五七キロのコメからおよそ一六二八個のおにぎりが作れ、それが一個一〇〇円とすると、約一六万三〇〇〇円となる。ここから資材、諸経費やロスを差し引くと一四万四〇〇〇円という数字になり、農家が一万二〇〇〇円で出荷する五七キロのコメが、おにぎりに加工することで、コンビニでは一四万四〇〇〇円の付加価値を持つことになる。

技術立国日本の強み

地域の個性を生かした食が提供できれば、遺伝子組換え植物は不要であり、在来種の個性あふれた野菜などが主役となっていく。ムギやダイズは味噌や醤油を地域で作るために必要となり、補助金をもらうことを目的に栽培するのではなくなる。地域産品創出の大きな輪が生まれてくれれば地域外にも販路を求めなければならない。規格品の大量販売を得意とするスーパーではなく、小ロット・多アイテムかつ個性あふれる商品は、今問題となっているシャッター商店街にも有利な販売商品となる可能性は高い。

地域外の販売網を構築する場合には冷蔵技術が必要不可欠となる。輸送においても新たな配送方法が必要となってくるのだ。地方農業の活性化は農業利益だけにはとどまらないのである。たとえば技術立国日本には世界最先端の冷凍技術が存在する。しかしこの技術・設備を地域に導入する際、もっとも気をつけなければならないことがある。それは「冷凍利権」の排除である。もし第三セクターによる農協や商社中心の企業を誘致し冷凍工場を設立した場合、「故郷弁当」が「地域活性」のための切り札ではなく、冷凍工場のたんなる原料となってしまう可能性が出てくる。こういう危険を排除するためにも、国が地域に助成金等を出し、ＰＦＩ（公共事業への民間資金活用）の手法を用いた利益を追求する必要のない冷凍工場が必要となる。この冷凍工場が稼働し、地域で作られる故郷弁当の種類が豊富になれば、海外での販売も可能性が見えてくるのだ。

そうなると、名もない普通のおばあさんが作るジャガイモがドルを稼ぐ国に変わることが夢ではなくなってくる。日本人が生み出す故郷の味はまさに日本食である。世界では日本食レストランは高級レストランの部類に入るが、日本人があたりまえに持っている感性、「いい塩梅」という味覚は、外国人にはほとんどない。材料だけを海外に供給したとしても調理する人間に日本人の感性がともなわなければ満足できる味覚の日本食は作れない。つまり同じ材料を使っても日本人が醸し出す味覚は海外では作れないのだ。

しかしマニュアルによる解凍技術は外国人にも容易に教育できる。日本の本物の味を冷凍して海外に輸出することが可能となるのである。故郷弁当の輸出には肉類や魚、卵や乳製品も含まれる。今現在においてこれらの食材は検疫等の規制が厳しく容易に輸出することはできないが、ＴＰＰに加盟することでこのような貿易の障壁は緩和される。日本の国内でしか製造できない故郷弁当は、世界から見れば日本オンリーワン商品となる。他国ではまねができないのだ。製造コストも地方で原料生産者が作ることで商品価格を下げることは容易であり、生産の現場や携わる雇用者の人件費は十分に確保できるという計算が成り立つ。

現時点では実行が難しいが、理不尽な規制を緩和していくことでこの国は地方が輸出産業を創造するような国に変わることができる。関わる人たちは普通の日本人で十分なのだ。まさに日本の食生活そのものを海外に輸出できる可能性を地方は持っているのである。実行できるかどうかは、既得権の排除をともなう大幅な規制緩和が日本で実行できるか否かだけなのだ。

第5章　みわ・ダッシュ村の設立と展開

――非農家が農地を入手するということ――

清水三雄

清水三雄
（しみず　みつお）

1941年，京都府生まれ。
株式会社京都府天田郡みわ・ダッシュ村代表取締役。

中学３年の時に出会った「記憶術」により成績が向上，積極的な性格に変わり，大学時代に発明した業務用ガス機器のおかげで卒業と同時に起業，ユニークな発想で起こした事業は10を超える。以来，実業分野で培った経験と人脈で長年の夢であった有機無農薬農法に挑むべく適地を探し，京都府福知山市三和町に候補地を定める。
福知山市三和町の過疎の町で「みわ・ダッシュ村」を運営し，また「株式会社ＪＰＤ清水」代表取締役社長も務める。著書に『悪法に挑む』（ルネッサンスアイ，2010年）他。

1　この村を起こしたわけ

みわ・ダッシュ村

みわ・ダッシュ村は京都府北部の都市、福知山市から車で約三〇分の福知山市三和町《みわちょう》のはずれの山間部に位置している。他地域同様の過疎化問題を抱えるこの地を消費者参加型農業の実践の場として定め、完全な原野状態であった約五・五ヘクタールの耕作放棄地を手に入れ開墾を始めたのがおよそ一〇年前のことだった。

近隣の農家の方々の本当に温かいご理解やご協力、そして風光明媚な自然環境もあいまって、少しずつではあるが設備や施設も充実し支援者も増え続け現在にいたっている。

今では名称も「株式会社京都府天田《あまだ》郡みわ・ダッシュ村」として法人登録することにより、従事者も社会的位置づけをより自覚し、一つの団体組織として地域社会に何を提案し、またどのような形で貢献できるかといった問題に日々取り組んでいる。

我々の一番大きな柱となる取り組みは安全な食材の提供である。安全な食材を確保するための農業の拡大は耕作放棄地問題の解決や、ひいては限界集落の活性化を促すことにつ

図1　みわ・ダッシュ村入り口の看板

ながるものと確信している。

みわ・ダッシュ村の活動の柱になっているのが、次の活動である。

① 耕作放棄地の開拓開墾。
② 完全無農薬・無化学肥料・有機栽培農業の実践。
③ 過疎化、限界集落の活性化。

これらの活動は都会の消費者に一株株主（一口農場主）になって頂いた資金で行っている。みわ・ダッシュ村はこの一株株主とボランティアによって支えられているのである。全国各地から協力頂いている一株株主の方々のなかには休日を利用して来村し、農業体験をする人もいる。また一株株主の方々には株主優待として村で生産した安心・安全なコメをはじめとした収穫物を毎月定期的に届ける制度も確立している。

みわ・ダッシュ村の活動趣旨に賛同され、労力奉仕という形で開墾や農作業のボランティア支援して頂く方々は「ボランティア専用畑」を無料で使用することができ、自分たちで作った食材を自由に持ち帰ることができるシステムにもなっている。

村の人気者

みわ・ダッシュ村の歴史を語るうえでもっとも喜ばしい出来事の一つは、二〇〇九年に京都市内から一つの家族が移り住んできたことである。男の子三人を持つ若夫婦の家族で農業経験はないが、もの作りの好きな芸術家の主人と、その一番の理解者であり子育て上手な奥さま、そして四歳から一〇歳までの元気あふれる男の子三人が、ダッシュ村のみならず地域全体の人気者

図2　ギネスに載った世界一大きいブランコ

になるのにさほど時間はかからなかった。今まで閑散としていた山間の村に突如として子供たちの元気な笑い声や泣き声が響くようになり、お年寄りの方々がどんなに喜んだかは容易に想像して頂けよう。地域の小学校までもがその刺激を受けた環境に変貌したほどだった。その後、この家族には新しくかわいい女の子が生まれ、名前もまさに「元気」と名づけられ、一家六人となった。お父さんと一緒に作ったコメや野菜をふんだんに使ったお母さんの手料理がおいしくないはずはない。屋外では小動物や昆虫と戯れ、また一転して屋内ではテレビの代わりにお父さんのパソコンでＤＶＤ鑑賞を楽しみにし、学校の勉強も怠らないこの子供たちが将来どのような豊かな人格を持つようになるのかが大きな楽しみである。

さまざまな取り組みの展開

五・五ヘクタールのみわ・ダッシュ村の土地は、今となっては決して広いとはいえない状況になりつつある。なぜなら農業の実践から始まった我々の事業が自然発生的ニーズによって、意外な、または必然的展開を見せ始めているからだ。

村を訪れる子供たちに何か遊具を作ろうとの企画で実行したのが、開墾の過程で伐採さ

図３　広大なドッグランも作った

れた丸太を使ったブランコの制作である。可能な限り背の高いものにしようとしてできたのは一二メートルの高さのブランコだった。テレビ取材が来るほどの人気で、これに乗じてもっと高いブランコを作ろうということになり、専門家を交えたプロジェクトチームを結成し、なんとギネスブックに登録された「世界一背の高い木製のブランコ」を作ることに成功した。因みにその高さは二一・九メートルだ。

開墾当初のダッシュ村の夜はまるで猪の天国だった。我々の作ったジャガイモやニンジンは食べられ放題の状態で、そこで考えたのが巨大檻によるイノシシ捕獲作戦である。精肉業者と提携しての販売計画は供給する肉の不足により休止していたが、二〇一五年冬から再開する。

ペット犬同伴の訪問者のために一度に一〇〇匹が遊べるドッグランはすでにオープンしているし、宿泊滞在による農業体験希望者のためのログハウス村は計画進行中である。

また、過疎地であるがゆえに緊急時に必要な救助用ヘリやドクターヘリ用離発着場も村の一部に用意している。

以上のように、ボランティアの人々や一口農場主の方々と模索を重ね、そして日々の作業の楽しみを共有しながら活動しているのが現状であるが、現在にいたるまでのもう少し踏み込んだ話をさせて頂きたいと思う。

奇形児出生率世界一の理由

まずはじめに言っておきたいことがある。驚いたことに、奇形児出生率が世界一高いのがほかでもないこの日本だ、というデータがあるのだ。日本産婦人科医会の先天異常モニタリングによれば、日本の奇形児出生率は年々高まっている。同会の調査によると、一九九九年度に一・四八パーセントだった奇形児出産頻度は、二〇〇六年度には一・八パーセントまで跳ね上がっているのだ。これは一〇〇人の妊婦に対して一・八人の奇形児が発生しているということを意味する。なぜこのようなことが起きるのだろうか。日本の医学が発達しているため発展途上国では生きられない奇形児まで育てることができるようになったためではないか、という人もいるが、はたして理由はそれだけだろうか。

日本の子供たちに現れている異常は奇形だけではない。出生率が低下していることはよく知られているが、喘息などの免疫系の疾患は激増し、原因不明のアレルギーも蔓延している。精神面では、いわゆるキレる子供、注意欠陥・多動性障害（ＡＤＨＤ）、自閉症、鬱病的な症状をみせるなど情緒面に問題を抱える子供も多い。私たち日本人に得体の知れない何かが忍び寄っているのである。

子供たちに異変をもたらしている原因として考えられているのが環境を汚染する化学物質だ。とりわけ恐ろしいのが口から直接体内に入り込む食べ物の汚染である。農薬や食品添加物など人工的・化学的に作られた毒性のある物質を毎日、体内に取り込んでいれば健康な母体を保てなくなって当然ともいえよう。農薬や食品添加物の蔓延が奇形児出生に関わっている可能性は高い。

戦後の日本の農業は農薬漬けだった。戦後の日本は経済合理性を追求するあまり、大気や水を汚染してきた。農業も農薬や化学肥料を大量に使用し、加工食品にはさまざまな添加物を用いてきた。「病は口から入り、災いは口から出る」と言われるが、今や口からは病以上の悲劇が侵入する時代になってしまったのではないか。

家族の健康と命は自分で守れる

若い世代の人々に安心して子供を産み育てて頂くためには、食料を海外に依存せず、国内で安全安心な農作物を作っていくことが不可欠だと考えている。そういう思いから、私は京都府北部の過疎地にある甲子園球場五つ分以上の広さの耕作放棄地を入手し、ここを開墾、開拓し、優良農地に復元して、完全無農薬無化学肥料有機栽培で農作物を作るという取り組みを始めた。

この事業を立ち上げるまでにはさまざまな高いハードルがあり、その苦労は並大抵のものではなかった。このハードルを下げることが日本の農業を発展させることになるのである。このことについては私の著書『悪法に挑む』（ルネッサンスアイ）に詳しく書いている。誰でも自分で食べる農作物を自分で作れる状況があって当然だが、今の日本の法律ではそのあたりまえの権利が認められないのである。

そのうえ農業への新規参入希望者を拒否する組織体が存在するのである。この件については、苦労してようやく新規参入をはたした経験者として後に詳述したいが、国家権力を背景に農業への新規参入をかたくなに拒む勢力「農業委員会」が全国に存在しており、そのことが日本の農業を破滅させつつあることをぜひ知って頂きたい。

安倍晋三内閣が誕生してから農業の自由化が少しずつ実現されてきてはいるが、抵抗勢力により完全自由化まではほど遠いといわざるをえない。法律（農地法）を改正し農業参入を完全自由化すれば、食料自給率を一気に改善できる。しかも無駄な税金を一銭も使わずにすむのである。

戦後日本の農政の過ちは、農薬や化学肥料を大量に用いる農業を推進してきたことだけではない。食料自給率はカロリーベースで四〇パーセント以下という恐るべき低さであり、異常気象による世界規模の飢饉といった事態になれば、ただちに国民が飢えに直面する危うい状態にある。食料自給率は異常なまでに低い一方で、全国には広大な農地が遊んでいる。この馬鹿げた矛盾はいったいどこから生じたのか。

逆にいえば、この矛盾を解消してやれば、食料自給率を改善できるということは当然であるが、日本の農業が海外で十分対等に戦うことも可能で、話題のＴＰＰも何ら怖がる必要などないのである。ＴＰＰと日本の農業については私の著書『議論は無用・即ＴＰＰに参入すべし』（ルネッサンスアイ）に詳しく述べてあるので参考にして頂きたい。農業のあり方を変えれば、安心して子供を産み育てられる国にしていくことも可能なのだ。

みわ・ダッシュ村はそのモデルケースになろうとする夢のある雄大な挑戦なのである。

限界集落の活性化がライフワークになった

今、もっとも気持ちを入れて取り組んでいるのが、京都府北部の中山間地、みわ・ダッシュ村周辺の農地の開拓と開墾であり、周辺に点在する限界集落の活性化事業である。

私は子供のころに農業や食の問題に関心を持ったことがあるが、そのきっかけは専業農家だった親戚がくれた不恰好な野菜だった。見た目は店で買う野菜とまるで違う。キュウリは曲がっているし、トマトはいびつ、ナスも色艶がよくない。虫が食っているものもある。市場ではとても売れそうもないシロモノだが、食べてみると外見とは違い味は良く、新鮮な香りに満ちていた。

見た目がよくないのは農薬や化学肥料を使っていないためだ。親戚の家では、いや親戚の家だけでなくほとんどの農家では、自分たちで食べる野菜は農薬を使わない別の畑で育てている。私の家にも、身内だからということで親戚がよくその野菜を持ってきてくれたものだ。

聞いたところによると、商品として出荷する野菜は収穫後も防腐剤や防カビ剤をかけ、その後にワックスで磨いているという。農薬や化学肥料だけでなく、そのような添加剤をまぶして出荷する農家も多数あるという。輸入農産物はもっと多くの化学薬品を使っているといわれている。

私には三人の娘がいるが、彼女たちには安心安全な野菜を食べさせて、健康な子供を産んでほしいと、いつしか心から願うようになっていた。その思いが、みわ・ダッシュ村の開拓につながっていることは確かである。みわ・ダッシュ村の活動に関心をもった三女が今、農業に取り組んでくれているが、非常に心強い思いをしている。

農薬も化学肥料もまったく使用していないと確信できる農作物を食べようとすれば、確実な方法の一つは自分自身で無農薬有機栽培の農業を始めることだ。それが無理なら、本当に信頼できる生産者を見つけてそこから購入するしかないのである。

2 憧れの田舎との出会い

甲子園球場五つ分の耕作放棄地

本格的に農業に取り組みたい。無農薬有機栽培の安全安心な農作物を作り、家族に食べさせたい。還暦を迎えたのを機に、いよいよこれを実践に移すことにした。

まずは耕す土地を見つけなければならない。二〇〇五年の春、農地を探して京都府下全域をほとんど回った。日本海沿岸まで各地を視察して歩いた。私は「農地を探している」と周囲に公言していたから、いろいろな情報が入ってくる。やがて今は亡き友人の不動産業者が耳寄りな情報を持ち込んでくれた。「天田郡（当時）に甲子園球場五つ分の面積にあたる五・五ヘクタールのまとまった畑がある」というのである。「天田郡」と聞いて心が騒いだ。生まれも育ちも京都市の私は、それまで天田郡を訪れたことはなかったが、選挙があると、テレビの開票速報で耳にする地名だった。その地名が、なぜか昔から妙に気になっていたのだ。天田郡というのはどういうところなのだろう。棚田のことを「耕して天に到る」と表現することがあるが、天に近いような高いところでイネを作っているのだろうか。それとも天国のようにすばらしい景色があるのだろうか。イメージがふくらみ、なんとなく憧れをもっていたのである。

話を持ち込んでくれた不動産業者は資料を持参していた。市内から京都縦貫道を走り、国道九号線に出て福知山方面に向かう途中にある土地だという。地図で見ると、天田郡は想像していたより京都市内から近い。「これなら車を使えば通えるな」と思った。

そこは二〇年ほど前、国と京都府が費用負担して畑を作り、農家に払い下げたものだ。農家はレタスなどを栽培していたが、高齢化にともない農作業ができなくなったため、耕作が放棄されていた土地だ。畑の所有者は三人いるが、土地の処分についてはすでに三和町の町長に任せられているという。そこですぐにアポをとり、町長と会うことにした。

NPOが運営する三和荘

京都市内から西に向かうこと約一時間半。緑あふれる山間の町。そこが福知山市三和町だ。山々の間に集落や田畑が点在し、何か古き良き日本の懐かしさを感じる、のどかな山村の風景がそこには広がっていた。私は町長に直接「農業をしたい」という思いをぶつけた。町長は私の熱い気持ちをくんでくださったようで、後日、二回目に訪問したときに「わかりました」と了解してくださった。

二回目の訪問の後、いよいよ現地の畑を実際に見ることにした。その際、町長が「近くに三和荘という宿泊施設がある。現在改築中だが、よい所だから清水さんが農業を始めたら活動拠点にできるだろう」と教えてくださった。そこで小高い丘の上に建てられた三和荘を訪れてみることにした。これは「丹波・みわ」というＮＰＯ法人が運営する第三セクターの施設である。

その設備には驚かされた。一流のリゾートホテルと比べても遜色なく、建物に隣接したスポーツ施設も充実している。グラウンドは美しく仕上げられ、ナイター設備完備、テニスコート、屋内体育館まである。みわ・ダッシュ村で大自然を満喫する時は、この三和荘も利用して頂きたい。

市内から一時間半の別天地

話を持ってきてくれた不動産業者と二人、現地を見に行った。三和荘から車でほんの数分のところにある。ここに違いないという場所に到着し、府道からの導入路の坂道を登る。ところが畑などどこにも見あたらないのである。目に飛び込んできたのは大木や竹が生い

図４　当初はこんな藪になっていた

茂るジャングルのような原野だった。ボロボロの廃屋があるが、それも半分くらいツタにおおわれている。

畑はどこにあるのか途方に暮れていると、たまたまジャングルのような原野のなかの道を一人の初老の男性が歩いてきた。呼び止めて、事情を説明した。「このあたりにあるはずの農地を購入したいのですが、場所がわかりません」。すると男性は答えた。「今、お二人のいるここがその畑ですよ」。

びっくりした。それまで私は耕作放棄地とは具体的にどのようなものか知らなかった。登記簿謄本に「畑」と書いてあれば、畑のような場所なのだろうと思っていた。せいぜい雑草が茂っている程度であろうと想像していた。都会育ちの私は、目の前に広がる光景に愕然としたと同時に自然の復原力のすごさも思い知らされたのである。

不動産業者にとっても予想外の状況だったのだろう。困り顔で「どうしますか」と聞いてきた。「農地として買うと決めた以上、開拓して使えるところから使っていきます」と答えた。

畑の現状には驚かされたものの、福知山市三和町という土地柄にはすぐさま魅了されてしまった。まず空気がおいしい。京都の市内育ちの私は、空気にも味があることをはじめて知った。ほのかな甘さがあるのだ。空気が清んでいるため景色も美しく、水は清らかである。鳥がさえずるだけで、都会にはない静寂がある。都会人にとって、まさに別天地だった。京都市内から車でわずか一時間半の距離にもかかわらず、人間の幸せと元気のもとになる自然がいっぱいある魅力にあふれる土地であることを知り、ここで農業をしていこうと決心したのである。

後にこの土地で活動するようになり、この土地に暮らす地域の人たちの純朴な人間味にも惚れ込むことになる。道で出会えば、にこやかに挨拶を交わし、気さくに話せる。都会暮らしで長らく忘れていた暖かい人間味に触れることができた。私にとって天田郡(当時)

というその土地は、想像通り、天に近い田んぼのある夢の集落であった。

このままでは日本の山村は滅ぶ

私は三和町を訪れ、日本の山間部の美しさに感動したものの、一方でその苦しい現状を目の当たりにすることとなった。とりわけ山間部では農業従事者の高齢化が進み、日本人が先祖代々受け継いできた山間部の農地は、どんどん壊滅していたのである。

「限界集落」という言葉がある。六五歳以上の高齢者が住む人の半数以上を占め、社会的共同生活の維持が困難になった集落のことを指す。国土交通省が二〇〇七年にまとめた限界集落の調査では、全国で七八七八だったが、少し前までは一万あったという。数が減っているということは、それだけ急速に限界集落が消滅しているのである。

若い人が去った地域では活気が失われ、孤独な一人暮らしの高齢者が多くなり、行政サービスが低下する。とくに医療や介護の問題は深刻だ。

人里離れた山間部や絶海の孤島だけが過疎に苦しんでいるわけではない。京都市内からさほど離れておらず、かつ天国のように素晴らしい土地であるにもかかわらず、三和町にも過疎の波が押し寄せていたのである。集落内の農家のほとんどは六五歳以上だ。高齢化

図5　野生の鹿を射止める

が進み、一人暮らしの人も増えている。このままでは田んぼ管理もままならず、農地を守れない。耕作放棄地になってしまう、そういう危機感が強くあった。

耕作放棄地とは、現在耕作されておらず、今後当分の間耕作する見込みのない農地のことだ。これが日本全国、いたるところで広がっているのである。農地は手を入れなくなると、すぐに荒地と化してしまう。問題は景観が悪化するだけではなく、土砂災害の原因にもなるから国土保全の観点からいっても大いに問題だ。

耕作放棄地は害獣の温床にもなる。荒れ放題となった耕作放棄地はイノシシやシカといった野生動物の進出を許し、近隣の農地にまで鳥獣被害をもたらすのである。丹精込め育てた農産物がいきなり食い荒らされる被害は全国で増加している。

農地だけではない。森林も荒れている。戦後、拡大する木材需要をあてこみ、全国の中山間地でスギやヒノキなどの針葉樹の植林が盛んに行われたが、材木輸入が自由化されてから安い輸入木材に押され、木材自給率は一割まで落ち込み、国内の林業が壊滅的な打撃を受けた。山村では過疎化と高齢化で手入れが行き届かなくなっている。下草刈り、枝打ち、間伐などの手入れがなされなくなった人工林は、花粉症の原因になるだけでない。手入れの行き届かない人工林は保水力に欠け、土砂崩れや水害、渇水などの被害をもたらす。さらには川や海の生態系などにも影響を及ぼすのである。

全国の地方公共団体が過疎の問題に取り組んではいるが、なかでもこの問題に力を入れ、リーダーシップをとっているのが、福知山市に隣接する綾部市の市長だった四方八洲男《しかたやすお》さんだ。四方さんは全国に呼びかけて「全国水源の里連絡協議会」を発足され、また「限界集落」ではなく「水源の里」という言葉を用いて、水源の里の再生に必要なポイントとして、①住民の会合、②ちょっとした産業、③都市との交流、④リーダーの存在の四つを挙げておられる。これは現場をよく理解した方ならではの卓見だと思う。

これに対して国の政治家や官僚たちは、賢い自分たちがあれこれ指図すれば何とかなると思ってきたらしい。結果はどうだ。高度経済成長期に過疎が社会問題化し、以来、過疎対策としてつぎ込んだ予算は八〇兆円近いとされるが、立派な道路が通り、市町村にも豪華な公共施設ができたものの、過疎の流れに歯止めはかからず、潤ったのは与党の支持基盤である土木業者や建設業者ばかりだった。

3　農地を手に入れるまでの悪戦苦闘

農業委員会の猜疑心

安心安全な農作物を自分の手で育てたい。その思いから農地を探しまわり、ようやく三和町の下川合地区に農地を見つけた。かつては野菜が栽培されていた開拓地だったが、耕作放棄されて以来、一五年間も手つかずのまま放っておかれたため、荒れ放題で農地を通り越して原野に戻っていた。

耕作放棄の原因の一端は農業委員会事務局の怠慢であると私は断言できる。福知山市は京都府で一番耕作放棄地の多い所であるとの調査結果がある。後日、農業委員会事務局との戦いのなかでこの原因は明らかになったのだ。

荒れ放題となっているこの土地を再び開拓するのは一筋縄ではいかない。そう覚悟をしたが、実は、開拓以上に大変なハードルが待ち構えていた。それはこの土地を手に入れるための手続きである。土地の謄本を見ると地目は畑、つまり農地である。所有者に「売ってほしい」と掛け合ったところ、了解を頂けた。あとは契約を交わし、お金を支払い、所有権を移転すればオーケーとなるはずが、ここから先が想像を絶する大変さだったのである。

私も土地に関係する仕事をしていたから、土地取引に関して知識がないわけではない。「農地法」という法律があることももちろん知っていた。農地の場合、農地法のしばりがあり、所有権を移転するためには、地元の農業委員会に許可申請を出したうえで、認可されなければならない。農業委員会とは農地法に基づく申請を審査すると同時に農地が完全に保全され農業が営まれているかを監督指導する組織だ。委員は選挙で選ばれるのだが、地元の農業従事者が多い。規模は異なるが、どの市町村にもだいたい三〇人ほどいる。

農地法はおおざっぱにいうと三条、四条、五条と三つの申請を定めている。このうち「農地法三条申請」とは、農地を農地のまま所有権を移すものであり、農地を購入した者はその土地で農業を行うというもの。この農地法三条申請には地元の農業委員会の許可を受けなければならない。

ややこしいのが、農地の住所地と所有しようとする者の住所地が異なるケースだ。このような場合、最終的には都道府県知事の許可を要する。福知山市三和町の農地を所有しようとしたとき、私は京都市に住んでいた。三和町の農地を京都市の人間が買うということで、最終的な許可は京都府府知事ということになるが、最初に申請するのは三和町だった。

私はさっそく三和町の農業委員会に農地法三条申請をした。農業委員たちは本職が農業で、農地法申請の審査は月に一回の定例会で行うだけだから、実体としては行政機関に置かれた農業委員会事務局が実質的に審査を事前に行い、農業委員会はその決定を追認する、という形が多い。三和町の農業委員会は、はじめ私のことを疑ってかかっていたようだ。後日、改めて聞いたところ「最初はあの土地で産廃処理でもされたらかなわない」ということだったらしい。

とにかく「あの土地で農業をするのですか」と聞かれたから、「畑に戻して無農薬で農業をします」と答えると、「無農薬で農業はできませんよ」と農業のプロである農業委員があたりまえのように言う。私は反論した。「二〇年間、無農薬栽培の勉強をしてきました。

無農薬でやっている全国の農家も見学しています。土さえ作ることができれば無農薬でも十分できます」。そうしてやろうとしている無農薬有機栽培について語ったが、誰も信用していないようだった。それでも最後には、農業をやりたいという熱い思いは通じたようだった。

農業資格というハードル

京都市に住む私が三和町の農地を取得するうえで問題になったのが、三和町の条例だ。三和町の農地は、三和町か三和町に隣接する市町村に住んでいる人でなければ取得できないというのである。私の住んでいる京都市から三和町に行くまでには亀岡市、園部町（現南丹市）、瑞穂町（現京丹波町）がある。隣接どころではない。「清水さん、条例がそうなっているから無理や」と言われた。三和町に限らず、どの市町村にも似たような条例があるのだという。

「条例を変えてほしい。五・五ヘクタールの土地がジャングルのようになっている。それを農地に戻そうという人間が現にここにおるのですから」という論理で交渉すると、どうにか解ってくれたが、「高速道路を利用すれば居住地と農地との往復がスムースに行くことを証明してほしい」と言われた。

次にハードルになったのが農業資格だった。「清水さん、あなた、農業資格はありますか」。自動車を運転するのには免許証が必要。それが安全上必要なのはよく理解できる。医者になるには医師免許が必要。それもよくわかる。しかし農業をするのになぜ資格がいるのか。聞くと、法律上、農業資格のない者には農地の取得が認められないのだという。この農業資格にはいろいろな条件がある。農業経験が三年以上あること、農作業に必要な農機具などがそろっていること、自分と家族だけで農作業をすること、そういう人だけに農業資格が認められるのだという。

そもそも農地はないが農業を始めたいから農地を所有しようとしているのに、所有するために農業経験を要求されるというのは無茶ではないかと思ったが、子供のころ親が小さな田んぼを持っていたことを思い出した。「手伝い程度だけれど農作業をしたことがあります。それが農業経験になりませんか」と答えると、「まあ、それでもいいでしょう。本当にやっていたか、何か証明できるものはありますか」と言う。すでに両親は他界していたから、証明してくれる人もいない。「近所のお年寄りに聞いてもらえないか」などと言っているうち、たまたま家に置いてあったアルバムを見ていて、私が一五歳か一六歳のときに田んぼで稲刈りをしている写真を見つけた。これはいい、と三和町の農業委員会事務局に持参すると、どうにか了解してくれた。

次に「農機具は何か持っていますか」と聞かれた。持っていないと答えると、「では農協で必要な農機具を購入できる見積書をとってください」と言われた。農協で見積書をとると一五〇〇～二〇〇〇万円と計算された。預金証明をとり、その条件はクリアできた。

最後の農業資格は、すべての農作業を何から何まで自分でやる、というものだった。私は「五・五ヘクタールの農地を一人ではまかないきれないから、仲間やボランティアを募ってやりたい」と言ったのだが、「そういうことは農地法では認められません。清水さんとご家族だけでやってください」と言う。仕方がないので家族五人の名前を書き、「みんなでやります」と言った。

さまざまな難関をくぐりぬけ、三和町の農業委員会はようやく「解りました。やや拡大解釈になりますが、農業資格があると判断しましょう。本当に農地として使ってくれるなら三条申請を受理します」と認めてくれた。

このようにして、どうにかこうにか、地元の農業委員会の許可を得たのである。私の場合、農地を斡旋してくれたのが地元の町長さんであったにもかかわらず、これだけ苦労したのだから、一般的には、未経験の人間が農地を手に入れ、農業に新規参入しようとしてもほとんど不可能に近いのではないか。

ようやく所有権移転

三和町の農業委員会の許可を得てひと安心したのも束の間、三和町から京都府に営農計画書が回り、それに関して、今度は京都府の担当部署から質問状が送られてきた。居住地と異なる場所の農地を取得するのは最終的には都道府県知事の許可がいるというのである。京都府の担当者は三和町の農業委員会事務局よりもっと厳しい、農業参入に否定的な質問と条件を突きつけてきたが、ここでは割愛する。

一カ月後、京都府から「五・五ヘクタールすべての所有権移転を認める」という許可がきた。惚れ込んだ三和町の広大な農地はこうしてようやく筆者に所有権が移されたのだ。

農業委員会は選挙で選ばれる組織だが、現実には行政内部の農業委員会事務局が権限を握っている。行政の担当者が独善的な形で権限を振りかざすことになっていることもあり、私の著書『悪法に挑む』で農業委員会の廃止を提唱しているが、最近、安倍首相が農業委員会の大改革に乗り出しており、いよいよ農業全体の改革もスタートする気配である。

耕作放棄地は全国で広がっているが、その一方で、最近では農業に参入意欲を持つ人はけっして少なくない。今後も増えていくだろう。多様な考えの人が農業へ参入してこそ、これまでの農業経営を改革でき、耕作放棄地がよみがえり、日本農業が発展し、食料自給率を向上させることにつながると確信している。

4　耕作放棄地に広がる夢

開墾に取りかかる

手に入れた耕作放棄地の開墾に取りかかったのは、二〇〇五年六月のことだった。いよいよ私の新たな人生が始まった。一五年近く耕作放棄されていたため、雑草や竹、雑木が生い茂り、野生動物が闊歩する広大な原野と化していた。背丈以上の雑木雑草におおわれ、一歩も前に進めないような茂みが延々と広がっている。人力だけでは開墾できそうもない。

それでも法律にのっとり農地として取得した以上、責任をもって開墾していかなければならない。心強いことに友人やボランティアのなかにはプロの建設関係者がいる。彼らに無理を言ってブルドーザーやユンボの操作の実習を始めた。京都市内で駐車場を造成して

図6　自らショベルカーで開墾を始める

いる現場の責任者に頼み、昼休みに実習をさせて頂き、ひと夏でどうにか操作できるようになった。当初は一人でパワーショベルを使い、連日開墾する日々が続いた。

豆腐工場のオカラが土をよみがえらせる

樹木を切り倒し、藪を切り開いていく。開拓が進むと、しだいに農地らしく見えるようになっていった。

そしてこれも何かの縁なのか、農地に隣接して豆腐工場があったのである。豆腐工場だから毎日豆乳の搾りカスのオカラが出る。オカラは産業廃棄物の扱いになるから処分に困っているに違いないと思った。栄養豊富なオカラを用いれば、質のよい堆肥ができるはずだ。実験してみると一カ月もすると発酵して堆肥になることがわかった。

さっそく豆腐工場の工場長に掛け合った。聞けばこの工場では毎日一トンのオカラが出るという。それを堆肥に加工したうえで全量引き取り、トラックで運ぶことになった。ギブアンドテイク、業務提携である。引き取ったオカラの堆肥を農地にまき、トラクターですきこんで土壌を改良する。そこで野菜を栽培するというわけだ。

開村から一年間はこのような開墾に明け暮れ、畑の面積を広げていった。土壌改良を繰り返し、現在は完全無農薬・無化学肥料・有機栽培で農業をしていると胸を張って言えるようになった。

私はこの天田という別天地にある農場を、都会から脱出してくる人たちの楽園にしようという想いから「都会脱出村」と名づけた。それを略してダッシュ村と呼ばれるようになり、人気のテレビ番組名との混同を避ける意味で「みわ・ダッシュ村」と改めて命名し、その後、特許庁に「みわ・ダッシュ村」で商標登録も済ませた。

自由な村のさまざまな楽しみ方

ボランティア会員や一株株主（一口農場主）は、またたく間に増え、今やスタッフを含め三〇〇人を超える活動団体となっている。ボランティアは京阪神から車で二時間ほどの所にお住まいの方がほとんどで、一株株主は東京を中心として名古屋など遠方の方が多い。

みわ・ダッシュ村はいたって自由な村だ。趣旨に賛同する人々が集まって来るが、集まる日に決めごとはない。おのおの都合のよい日にやって来て、スコップや鍬、ときには重機を操って農地を造成したり、農作業を行ったりする。それぞれの作業を自分たちで決め、自主的な形で開墾や農作業を行っている。それぞれが工夫して、楽しいことに打ち込むことができるのがこの村だ。

ここにあるのは畑ばかりではない。ヤギやポニーを飼っているが、今では赤ん坊も生まれ、広い牧草地をかけまわっている。最初に述べたように有志やボランティアの手作りで世界一高いブランコもあるし、ドッグランも完成した。

それでも夢はまだ道半ばである。新たな株主の参加も募ってスピードを上げ、みわ・ダッシュ村の夢を実現させようと思っている。

みわ・ダッシュ村の夢

みわ・ダッシュ村の夢は山ほどある。たとえば、

図７　みんな好きなときにやって来て作業をする

図８　みわ・ダッシュ村にはヤギもいる

①　ドッグランに遊びに来た家族がワンちゃんと一緒に泊まることのできるログハウスを建設する。
②　限界集落にある古民家を改修して二家族めの移住者を迎える。
③　農場内の道路を整備して一周一キロメートルのマウンテンバイクロードを作る。
④　周囲の山の獣道を整備して一キロメートルの山林探検道路を作る。
⑤　山の木を使って子供たちが楽しめるような遊具を作る。
⑥　限界集落に発生する空き家と耕作されない農地を購入して限界集落が廃村にならないように整備する。
⑦　開墾した農場の土を炭素循環農法という農法により土壌改良し、おいしい農作物を作る。
⑧　農場の内外に四季折々のきれいな花を咲かせる。
⑨　農作物に向かない区画ではおいしい果樹を栽培する。
⑩　都会の家族が一日、大自然のなかで土いじりや農業体験をして楽しめるような農場を作る。

図９　支援者とバーベキュー

といったものだ。こうした夢をボランティア・一口農場主とともに共有するのが、みわ・ダッシュ村なのである。

大地震、大津波などの自然災害は、過去の人類の歴史でも経験し、私たちはそれらを乗り越えてきた。しかし東日本大震災による原子力発電所の放射能汚染は過去に経験がなく、被爆された方の今後の健康状態や子や孫の代に影響があるのかないのかといったことも、まったく予測がつかないのが現状である。また、汚染された土壌で育てられた農作物がどのように人間に影響を与えるかの答えも何十年何百年先になっても出るかどうかわからない不安が被災地や汚染地域にはある。

このような悲劇を引き起こす可能性のある原子力発電所は全国で五〇カ所ほどあり、とうてい日本は安全な国とは言えない。日本の農業が安全であり続けるには五〇年かかろうが一〇〇年かかろうが原子力発電所をすべてなくすことだと思う。

その暁には山紫水明の日本の農地において、日本人は本当に安心しておいしい農産物を食べることができ、食糧自給率も向上し食糧安全保障問題の不安もなくなる。そんな日が来ることを期待してやまない。

この本をお読み頂いたのも何かのご縁、あなたもぜひ一株株主（一口農場主）やボランティアとして我々の活動にご参加頂ければと思う。詳しくはホームページwww.miwa-dashmura.com（二〇一五年三月二三日閲覧）を参照されたい。

第6章　日本の種苗会社とその海外展開

――世界における種苗供給事情――

清水俊英

清水俊英
（しみず　としひで）

1963年，神奈川県生まれ。
株式会社サカタのタネ 広報宣伝部長。

株式会社サカタのタネ
1913年，欧米研修より帰国した坂田武雄が神奈川県で坂田農園を設立し，苗木販売から花卉の球根や種子生産販売に事業を拡大する。1930年代に開発された完全八重咲きF_1ペチュニアは，オール・アメリカ・セレクションズで銀賞受賞。1942年，企業合同により坂田種苗株式会社設立。1986年，「株式会社サカタのタネ」に社名変更。2015年5月期売上高約567億円。本社神奈川県横浜市。種苗メーカーとして世界各地を拠点に研究開発を進めている。事業内容は種苗の生産販売の他，農園芸資材の開発・販売や造園緑化事業も行っている。

1　種苗会社とは

種苗とは

農業生産者や趣味園芸家に種子と苗を供給する種苗会社（種苗メーカー）は日本にも多くあり、そのうちのいくつかは現在、世界的な企業になっている。それらのうち、ある会社は創業時から、別の会社は発展の過程で、それぞれの必然性から世界各国に進出していった。この章では、種苗と種苗会社を説明するとともに種苗会社の海外進出について述べる。

本章の題名は「日本の種苗会社とその海外展開」である。しかし、そもそも「種苗」とは何であろうか？　種苗業界ではごく一般的な概念の「種苗」も読者にとってはあまりなじみのない言葉であろう。そこで、まずは「種苗」という物についての説明から本項を始めたいと思う。

「種苗」には、「しゅびょう」という読みをあてる。耳慣れない言葉だと思う。これは読んで字のごとく、「植物の増殖・生産」の元になる「種・苗・球根」などを総称する言葉である。また、ここで言うところの「種《たね》」とは、植物学上の「種子」より広義の概念である。①「種子」が増殖・生産に用いられる植物として、ウリ科、ナス科、マメ科、ユリ科、アブラナ科の野菜、②「果実」（子房の発達したもの）を用いる植物として、セリ科、キク科、シソ科、③仮果《かか》（果実以外の部分、花被なども含む物）を用いる植物として、アカザ科、タデ科などがあげられる。

また、塊根や球茎、地下茎、地上茎、匍匐《ほふく》茎などを用いて無性繁殖（栄養繁殖）が行われるものも多く、ハスやユリ、ジャガイモ、サツマイモ、イチゴ、チューリップ、ダリアなどがこれにあたる。

以上のように「種苗」とは、植物の増殖・生産に必要とされる根本のものを広義に含み、いわゆる「採取」以外の農業、趣味園芸にはすべからく必要とされる重要なものであることが理解できる。

種苗会社の成り立ち

農家（営利生産者）や趣味園芸家は、植物の増殖・生産の元になる「種苗」をどのようにして入手しているのだろうか。読者の中には「農家が自分で種を採って、それを次の栽培に利用しているのだろう」と考えている方もいるかもしれない。しかし、現在の農業について言えば、ほとんどの農家や趣味園芸家が種苗会社から「種苗」を購入している。この点について、少々の説明を行おう。近代農業は全体として、大規模化、集約化の方向に向かってきた。同時に品種や種苗への要求もより高まり、「丈夫で美味しく、多くの収量が得られる品種」の「より発芽率が良く、また一斉に発芽する」種苗が求められるようになってきた。

品種という側面から言えば、優良な品種を作る「育種」という作業が重要となる。これには「一品種一〇年」とも言われるほど時間がかかり、膨大な遺伝資源を利用し、多くの地域で試験研究を行うことが必要となる。このような流れの中、農家や趣味家が自分自身で品種の維持を行い、採種（タネ採り）を行うことが困難となって、商業的に育種・生産された種苗を購入するようになっていったのである。

さらに、F_1化という技術がこの流れを加速することになった。F_1とはFirst filial generationの略で日本語では雑種第一代とか一代雑種とも言われる。同じ種（生物学的な「しゅ」である）の中でも、個体やあるグループ間で、遺伝子に変化が見られることがある。同じ種の中でも遺伝的に差異があるものどうしを組み合わせると、雑種強勢（ヘテロシス）と呼ぶ現象が現れることがある。これを利用した技術がF_1である。すなわち、遺伝的に差異のある母親と父親をある種《しゅ》の中から選び出して、これを遺伝的にある程度固定化させたものを掛け合わせて採れる種子がF_1で、この種子から作られた植物体は、強健性や収量など多くの点で母親や父親の性質を大きく上回るというものである。しかもF_1はどの個体も遺伝的に均一で、極めて高い斉一性を示す。

ところが、F_1種子を発芽生育させてできた植物体から種子をとり、それを播いても、成長した個体（F_2と呼ぶ）は、個体ごとにバラバラの性質となり、近代的な農業にとって重要な斉一性を示さないため、種子は栽培するごとに購入する必要が生じるのである。F_1の話は正確に説明すると非常に難しい話となるので、ここではごく簡単に記述するにとどめる。たとえ話ではあるが、犬種の話などがわかりやすいのかもしれない。「ミックス（雑種）は純血種より丈夫だ」などと言われたりするが、これも、雑種強勢が発現した例である。大切なことは、近代的農業に求められる均一性や強健性、収量性などを求めて、栽培作物のF_1化や種子の高品質化が進み、農家はこれらの種苗を種苗会社から買い求めているということである。

種苗業は、日本においては京都などで篤農家が副業として優良な系統の種子を自家採種し、近隣の農家に販売したことがルーツになったと言われている。これらの種子が、その他の地方に伝播し、長い時間をかけて淘汰選抜され、それぞれの地方に特有の野菜として定着していったと考えられている。一方で、明治維新以降の近代化の波は農業にも及び、より優良な品種と、優れた品質の種子が大量に必要となり、種苗業は農家の副業から、近代的な業態として専業化していった。さらに第二次大戦以降F_1化の波は急激に進み、「種苗は種苗会社から購入するもの」という考え方がごく一般的なものになったのである。

メーカーとしての「サカタのタネ」

種苗業者といっても、大きく分けて、品種の育種・種子の生産・販売を行うメーカー的色彩が強い会社と、メーカーから仕入れた種子を販売するディストリビューター（種苗店）としての会社が存在する。日本のように南北に長く、気候や文化が地域によって異なる場合、メーカーはもちろん、地域の情報を知り、地域に密着した商売を行うディストリビューターの存在も種苗流通にとって重要な役割を果たしている。

また、日本の場合、主穀と言われる「イネ」「ダイズ」「コムギ」の種苗は長く食物管理法で統制され、民間の会社では育種や販売ができなかったため、現在でも日本の民間種苗会社の商売は、野菜（ハーブ含む）や花の品種開発と種苗の供給が、その中心となっている。

日本では以上のような成り立ちの種苗会社が多いと考えられるが、当社（サカタのタネ）の場合は、少々異なる経緯で生まれ育った種苗会社である。

創業者・坂田武雄（図1）は、農商務省の海外実業練習生として、一九〇九年からアメリカ・ヨーロッパの種苗会社で研修を行った。一九一三年に帰国した武雄は、研修時代の「つて」を頼り、横浜で苗木の輸出を始めた。これがサカタのタネの前身となる「坂田農園」の創業である。数年後には当時、神奈川県が主産地であったヤマユリの球根を輸出し、それなりの商売となった。しかし、第一次世界大戦の影響などもあり、全体としてみると苗木の商売は思うようには進まず、「栽培期間の短い花や野菜の種子であれば、結果が出るのも早く、優良な物を販売すれば必ず評価に繋がる」という理由で、種子を中心と

図1　若い頃の坂田武雄

図3　シカゴ・ヘラルド・エグザミナーより

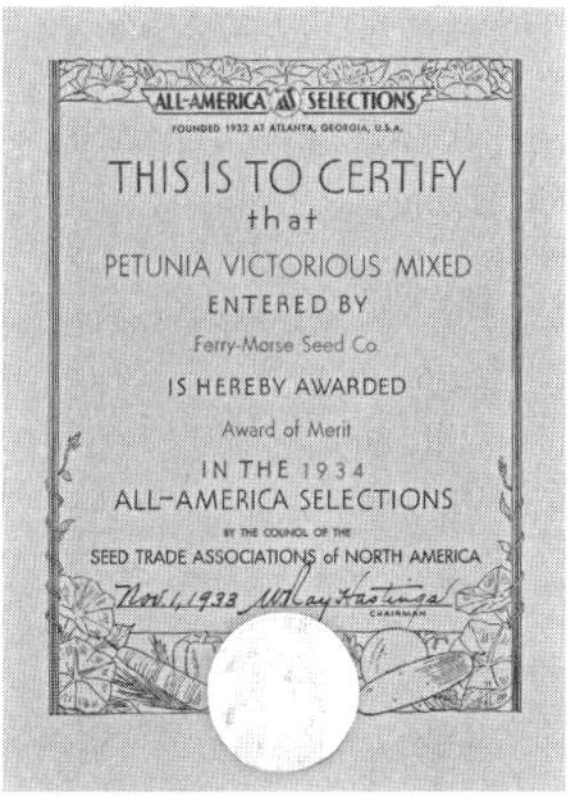

図2　AAS銀賞賞状

図4　完全八重咲きF_1ペチュニア「ビクトリアスシリーズ」

した商売に業態を変更したのである。一九三〇年代には世界初の完全八重咲きF_1ペチュニアを発売（図4）。これが「世界で最も権威のある園芸コンクール」とも言われる「オール・アメリカ・セレクションズ（AAS）」で銀賞を受賞（図2）。世界にSAKATAが知られるきっかけとなった。完全八重咲きF_1ペチュニア「ビクトリアス・ミックス」の種子は当時のレートで金の二〇倍もの価格で取引されたとの記事がアメリカ・シカゴの「シカゴ・ヘラルド・エグザミナー」紙に掲載されたほどである（図3）。

多くの企業と同様、第二次世界大戦で当社も大きな打撃を受けた。戦後は、まず、国内販売を充実させ、海外への輸出も行い、一九七七年のサカタ・シード・アメリカの設立で海外へ再進出を果たすことになる。

国内で読者にもなじみがある当社の品種としてはメロンの「プリンス」や「アンデス」、スイートコーン「ピーターコーン」や「ゴールドラッシュ」、ミニトマトの「アイコ」などがあげられる。

また、種子の世界シェアが高い品目も多く、二〇一五年現在、ブロッコリーでは約六五パーセント、トルコギキョウでは約七五パーセントの世界シェアを持っていると考えられる（自社推定）。現在では、世界一九カ国に二五の拠点を持ち、一七〇カ国以上で種子が利用される種苗会社となった。花と野菜の種子の売上では世界で五位に入る（自社推定）。

2　種苗会社の仕事

この節では、種苗の育種から生産・販売までを行う、当社のような種苗メーカーについて、その業務の概略を記す。

育　種

育種とは文字通り「品種を育てること」である。受粉様式の特徴上、F_1が得られない一部の品目（マメ科）などを除き、F_1の育種が中心となっているメーカーが多い。前述したように、F_1品種は近代的農業に適した特性、たとえば、強健性や収量性、耐病性、斉一性などを持ち合わせており、農家はこれを利用することによって様々なメリットを享受できる。

F_1の育種は、従来品種や野生種など、多くの遺伝素材の中から両親となる親系統の選抜と遺伝的固定を行うことから始められる。選抜・固定が行われた多くの親系統は掛け合わせ（交配）が行われ、その種子（F_1）が栽培され、栽培作物としての能力の検定が行われる。優れた能力を示した組み合わせに利用された親系統が、F_1商品種子の親とされる。これらは非常にトラディショナルな「交配」という作業を用いて畑で行われる。もちろん、親系統の固定の時間短縮に役立つ技術や、F_1の能力を調べる場合の検査数を減少させるのに役立つ技術など、いわゆる高度な育種工学技術も利用されているが、育種の中心となるのはあくまでトラディショナルな方法で行われる交配である。そして、育種が行われる畑が、種苗メーカーの「研究所」でもあるのである。

生　産

F_1品種は、親系統を組み合わせて採種圃場（多くは畑）で採種（タネ採り）される。本来、秘密裏に隔離された場所で採種が行われれば良いのだが、種苗メーカーにおいては、「工場」も畑なのだ。

ここで注意すべき点は、親系統が外部に流出すれば、容易にF_1のコピー商品ができるということだ。しかも、採種は通常は自社の畑で行われず、生産に適した地域の農家と契約を結び、親系統を手渡して、委託生産の形で行われることが多い。最も秘密にしておきたい親系統を農家に渡すのである。もちろん契約は交わされるが、ここには、非常に強固な信頼関係が必要とされる。種苗メーカーにとって、信頼できる委託採種農家の存在は何者にも代えがたい宝なのである。自社の生産部隊が委託農家を指導し、時には泊まり込み、長い時間をかけて醸成される信頼関係が優秀なF_1種子の生産には不可欠なのだ。日本では、種苗法という法律によって、野菜種子は生産地を表示することが義務づけられているが（海外生産の場合は国名、国内生産の場合は県名）、各社とも詳細な場所は「秘中の秘」とされていることが多い。

採種が畑で行われることで注意すべき点は様々ある。秘密性の保持や採種の技術と同様に重要なのが、「隔離」である。先述したように、F_1種子は基本的には母系統の「雌しべ」に、父系統の「花粉」が付着し「受粉」が行われることによって得られる。このとき母系統の「雌しべ」に「野生種の花粉」が付着したらどうなるだろう。そうなると生産されたF_1種子は目的のものとはまったく違うものになってしまうのだ。このような事が起こらぬように、アブラナ科のような虫媒花（花粉が昆虫で運ばれるタイプ）と、スイートコーンのような風媒花（風で花粉が運ばれるタイプ）では条件が異なるものの、採種圃場は周囲の畑や野生種の状況、昆虫の飛翔距離、風向きなども考慮して慎重に決定されるのだ。

このようにして、種子は収穫期を迎えると手摘みやコンバイン収穫などが行われ、精選の拠点に送られる。

精選、加工、品質検査、品質管理

種子は採種圃場から集められた状態では商品とはならない。土や茎などの夾雑物や、目的としない異種子、小さすぎる種子や大きすぎる種子など販売上望ましくない物を、精選機にかけて精選し純度を高める工程が必要である。精選は、重さで選別する「比重選」、色彩で選別する「色彩選」、種子の形状で選別する「形状選」などがあり、強力な磁石を利用して鉄分の含まれた異物を取り除く「マグネットセパレーター」なども利用される。

この作業と並行して「品質検査」が行われる。種子は見た目では、発芽率や発芽勢がわからず、それがどのような品種なのかもわからない。そこで、ろ紙や土壌を利用した発芽試験と合わせて、品目によっては、種子を畑にまいて野菜ができたり、花が咲くまで生長させて品種を確認する「グローアウト」という検定や、遺伝子の電気泳動を利用した「EP検定」なども行われて、目的の種子が採種されているかどうかをチェックする。花の一部と野菜の場合は生産地の表示と同様に、有効期限や発芽率の表示が義務づけられており、その方法も決まっている。

この後、種子消毒やコーティング、微細種子をまきやすい大きさに整えるペレッティングなどの種子加工も行われる。このようにして品種と品質が担保された時点で、袋詰めなどの作業が行われた種子は定温定湿の製品貯蔵庫に保管される。

物流

物流の流れには二通りがある。一つは種苗店やホームセンターなどのディストリビューターを通るもの、もう一つは通信販売や直営店など当社から直接利用者のもとに届くものだ。種苗販売では、栽培の情報提示や指導などのサービスも重要となる。そこで、営業マンによる種苗店への説明や、営利栽培家に対しての講習会、ＨＰでの情報発信などを行い、品種の能力が最大限に発揮される様につとめている。また、当社の場合は、種苗会社としては珍しい「お客様相談室」を設けて、栽培についての質問に答える体制を構築している。

3　世界の種苗会社と日本企業の世界進出

種苗会社の現況

種苗業界は、自然と共生する環境貢献型産業というイメージがある反面、「種子戦争」という言葉があるほど激しい競争も行われている。ただし、先述したように、日本の種苗メーカーでは穀類（イネ、ムギ、ダイズ）は基本的に取り扱っていない。種苗の世界メジャーはモンサントやシンジェンタといったケミカルおよび穀類のメジャーである。野菜および花の種子の売り上げに限定すると、当社は推定で五位に入ると考えられ、ほぼ同程度の位置に日本の大手他社がランキングされる。

現在、種苗メーカーにもM＆Aの波が押し寄せており、今後もグループ化、寡占化の波が進むことが予想される。

種苗会社の海外進出について

種苗会社、とくにメーカーにとっては、様々な面で海外への進出が必然という側面があ

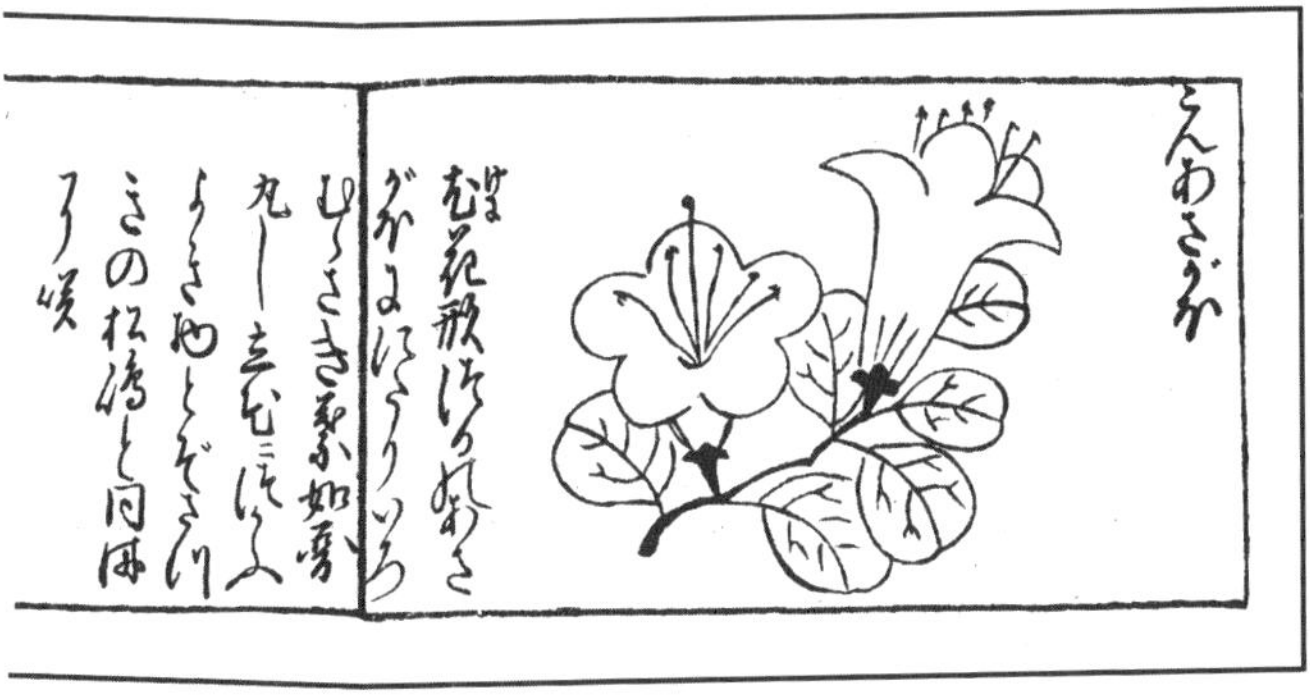

図５　江戸時代の園芸書『錦繍枕』より
「こんあさがほ（紺朝顔）／ツツジの変種」の図。同書は元禄５（1692）年，江戸・染井のきり嶋屋伊兵衛により出版されたツツジの専門書。江戸の園芸はハイレベルであった。

る。まず、一般論として、種苗メーカーの海外進出への意味合いについて、育種、生産、販売のそれぞれの側面から述べた後に、実際の例として、第二次大戦以降、当社が進めてきた海外への展開の詳細を述べてみよう。

①　育　種

育種の観点から述べると、日本はオランダ・アメリカと並ぶ育種大国と言ってよい。そもそも、江戸時代のアサガオ、オモトなど古典園芸作物と呼ばれる品目については、当時の鎖国政策から海外に紹介されることは少なかったが、その育種技術は最先端のものであったと考えられる（図５）。また、明治時代以降は、その勤勉さと手先の器用さを十分に発揮して各社が育種に努め、品目によっては日本の種苗会社の育成品が大きな世界シェアを占める物もある。

南北に長く、冬は乾燥低温や降雪があり、夏は高温多湿という気候の日本は、多くの花（切り花や花壇苗）や野菜（青果）の生育には適していない。しかしそのような条件下で育種が行われたため、非常に強健で作りやすい品種が生まれたとも言える。さらに、日本人の味に対するこだわりの強さや安心安全に対する希求の強さによって、より美味しく美しく、そして強健で農薬使用量が少ないという育種が進んだのではないだろうか。このような理由から、日本国内の研究施設で育成された品種が国外でも評価されてきた。

しかし、近年では消費地により近い場所で、現場から様々な情報を得てそれを素早く育種に反映させるとともに、より生産地に近い気象や土壌の条件で育種をするために、各社とも戦略上の重要国（地域）に研究施設を作る流れを加速させている。

② 生　産

種子生産（採種）は、種苗メーカーの海外進出を必然にする大きな要素だ。そもそも、現在商業的に作られている作物の原産地を読者はご存じだろうか。

実は日本原産のものは野菜では、ウド、ワサビ、ミツバなどわずかの品目で、花でも日本原産のものは数えるほどしかない。ちなみにいくつかの野菜の原産地をあげてみると

トマト…ペルー
オクラ…アフリカ
ブロッコリー…地中海沿岸地方
キャベツ…地中海沿岸地方
ダイコン…中央アジア
ニンジン…西アジア
トウモロコシ…南アメリカ
スイカ…南アフリカ

などとなる。

世界各国に原産地が散らばる花や野菜であるが、四季がはっきりしていて、梅雨や秋の長雨、台風や降雪などに見舞われる日本は採種地としてはあまり適していない。花でも野菜でも、原産地に近い気候で伸び伸びと育てた方が高品質の種子が安定して生産しやすい。さらに、先述したように他の品種や野生種との交雑（意図しない交配）を防ぐためには十

分な隔離距離が必要である。また、秘密の維持のためにもあまり人目につかない場所が望ましい。このような理由から、現在多くの品目の種子生産は海外で行われている。

さらに、頻発する異常気象に対応するため、海外の複数の場所、たとえば南半球と北半球に分けて同じ品種を採種して危険分散を図ることも多く行われている。このように、種苗メーカーが採種地を求めて海外に進出することはきわめて必然性の高いことなのである。

③ 販 売

花にしても野菜にしても、その生産や消費は世界それぞれの地域の気候風土・文化と密接に結びついている。とくに野菜は地域固有の食文化やインフラの状況によって、求められる品目や特性が大きく異なってくる。たとえば、アメリカでブロッコリーの生産・消費が急激に伸びたのは優良な品種の登場と同様に、映画「エデンの東」で描かれたコールドチェーンの発達と結びついている。

コールドチェーンの整備が完全ではないインドにおいては、現在も常温で日持ちのするカリフラワーの生産・消費が多い。また、日本ではトマトは生食のイメージが強いが、ヨーロッパでは加熱調理用に利用されることが多い。このように、地域の気候風土・文化を考慮しながら販売を行おうとするとき、現地に拠点を置き、綿密な販売活動が必要になることは論を待たない。

さらに、人口の増加率が高く、経済発展が進行中または予想される地域への展開も重要だ。こういった地域（国）においては、今後、農業の形態が急激に近代化してくると考えられる。このような時、とくに野菜の種子需要はF_1化が進み、その市場は急速に膨張する。そのため、現地に拠点を置き、積極的な販売活動を行える体制を整えておくことが必要なのだ。

種苗売り上げの国際化

当社は一九一三（大正二）年の創業以来、人々に幸せと豊かさを届ける花と野菜の優良品種の開発と普及に努め、広く世界を舞台に国際的な事業を展開してきた。さまざまな品目や品種の提供を通じ、世界中の人々の期待に応えてきた当社は、モンサント社やシンジェンタ社などの巨大企業に伍し、園芸作物の売り上げでは、先述のように推定で世界五位に入る地位を保っている。花卉はパンジー、ガーベラ、プリムラ、ベゴニアでそれぞれ高いシェアを持ち、トルコギキョウでは世界の約七五パーセントのシェアを持つ。また野菜ではブロッコリーが世界の約六五パーセントのシェアを維持している。

そのため、当社の種苗売上高に占める海外比率は二〇一五年五月期に約三分の二を海外で販売している計算となった。過去五年の実績でとくに伸びたのはヨーロッパ地域で、ブロッコリーやトマトなどの野菜の売上げが急増し、シェア拡大に大きく貢献した。それに加えて、アジアでは約一四億の人口を抱える中国で、経済の急成長に伴い中間所得層が拡大した。これにともなって固定種からF_1種（一代雑種）への移行や生活の西洋化が予想以上のスピードで進行し、ニンジンやブロッコリー、トルコギキョウやハボタンなどの種子需要が急増した。こうして二〇一五年五月の時点で、当社は海外一九カ国のグループ企業も含めて、全社員二一〇五人のうち三分の二近くが外国人というグローバルな活動を行う種苗会社となっている。

当社は、「Think Global! Act Local!」という基本的な企業姿勢をもっており、これは、常にオリジナリティを大切にしながら独自の研究開発を継続し、世界各地の自然条件や食文化の違い、市場ニーズなどに沿った事業活動を〝グローカル〟（グローバル&ローカル）に行っていくというものである。

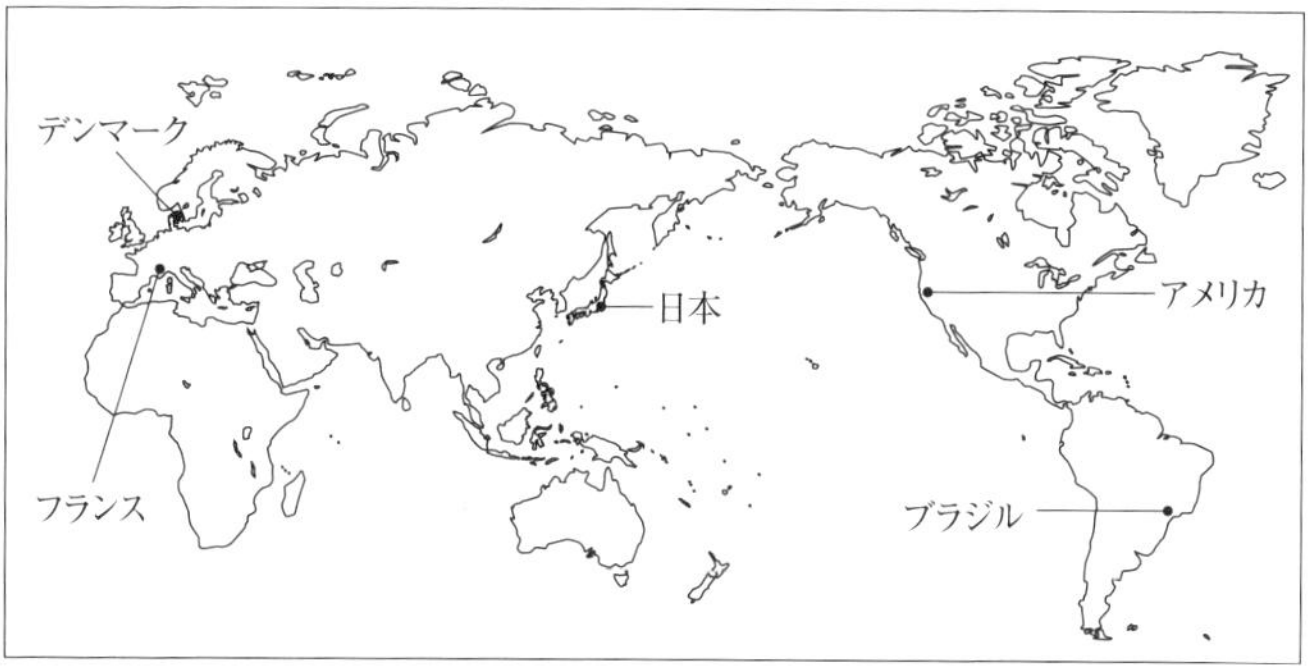

図６　世界での4極体制概念図

① 四地域分割

当社のグローバル・ネットワークは基本的に世界を四つの地域に分割し、それぞれの地域統括会社が各エリアの研究、生産、販売を管轄するいわゆる「四極体制」が基本となっている（図６）。

具体的には、サカタのタネ本社は日本を含むアジアとオセアニアを統括し、パナマ以北の北中米は「サカタ・アメリカ・ホールディング」が、南米はブラジルの「サカタ・シード・スダメリカ」、ヨーロッパ・中東・アフリカ・ロシアは「ヨーロピアン・サカタ・ホールディング」（花はデンマーク、野菜はフランス）が統括する。

研究、生産、販売の各活動についてもう少しくわしく説明すると、以下のようになる。

研究開発はまず基本的に国や民族、地域ごとに異なるニーズに対応することが要求される。それぞれの地域で気候や風土が異なり、緯度による日長時間差もあるうえ、花や野菜の色や形への嗜好、味、伝統的な調理法などに幅広いバリエーションがあるからだ。これが四極体制をとる所以だ。具体的には二〇一五年現在、静岡県の掛川総合研究センターを中心に国内五カ所、海外一〇カ所、すなわちカリフォルニア、ワシントン、フロリダ（以上アメリカ）、ブラガンサパウリスタ（ブラジル）、オーデンセ（デンマーク）、ウショー（フランス）、コンケーン（タイ）、驪州（韓国）、ベンガルール（インド）、ランセリア（南アフリカ）に研究農場を設け、多様な自然環境や地域に適応する品種の開発を行っている。

育種には通常でも五〜一〇年に及ぶ長い時間がかかり、経済的なリスクも伴うため、育種方針の絞り込みと、長期にわたって育種に専念できる優秀なブリーダーをいかに確保するかが最重要課題である。それぞれの研究農場では日々これらの課題を解決しながら世界各地のニーズに合った品種開発を続けている。

② 世界的なネットワーク

現在一七〇カ国以上にＳＡＫＡＴＡブランドの種子を供給している当社にとって、このグローバル・ネットワークは必須のものだ。なぜならば種子を販売するためにはそれぞれの生産地の声を現地の言葉で聞き、それに現地の言葉で応えていくことが基本だからだ。生産者に最高の生産物を栽培してもらうために、各主要産地を本拠とする当社の顧客を通じ、情報とサービスを送り続けている。

生産については、地球を丸ごと使う「適地適作」と異常気象などに対応するための「リスク分散」がポイントとなる。これらの命題を解決するために、国内はもとより世界一九カ国で採種を行っている。

また、採種には出来るだけ労賃の安い生産地を確保することも大切だが、それにもまして、高い技術力と機密性の保全が重要である。当社の生産活動は長年にわたって積み重ねてきた「相互信頼」によって成り立っている。そうしたグローバルな生産ネットワークが当社の財産であり、異業種が容易に参入できない「障壁」となっている。

こうして「サカタのタネ」グループは、強固なグローバル・ネットワークを形成しているが、とくに研究開発と生産については、最適なパフォーマンスを引き出すために本社のガバナンス（企業統治）を強化している。それが、研究開発型企業としてのアイデンティティを保持していくための「生命線」だと考えているからだ。では、こうしたグローバル化がどのような経緯を経て実現されたか、その歩みを簡単に振り返ってみよう。

4　海外展開の軌跡

アメリカから始まった本格的な海外展開

当社は創業当初から、苗木類やユリの球根を海外へ輸出していたが、一九三四年に世界で初めて当社で育成された完全八重咲きF_1ペチュニアがオール・アメリカ・セレクションズに入賞したことにより、欧米を中心に「花のサカタ」として知られるようになった。

第二次世界大戦後は海外の一流種苗会社と取引を再開し、「サカタの花の3P」と呼ばれたパンジー、プリムラ、ペチュニアの輸出と、野菜の国内事業で経営を再建。一九七〇年代には二度のオイルショックで世界中が動揺し、日本にも不況の波が到来したが、優良な品種を次々に開発した当社は順調に発展することができた。一九七七年七月、サンフランシスコに種子の生産・販売の現地法人「サカタ・シード・アメリカ（SAI）」を設立し、本格的なグローバル展開を開始した。

SAIの設立当初は生産活動が中心で、販売は現地の代理店に任せていたが、当社のキャ

図７　「マジェスチック ジャイアント」シリーズ

ベツやブロッコリーをはじめ、アブラナ科品種への評価は高かった。しかし、代理店を通す販売だったため、ＳＡＫＡＴＡのブランドネームは浸透していなかった。一方で、花の種子は生産者などに直接、郵送で販売されており、大ヒットしてロングセラーになったパンジー「マジェスチック ジャイアント」シリーズ（図７）などの品種名とともに、ブランドネームが北米の花卉業界に知られていた。しかし通信販売に頼っていたため、アメリカで体系的な販売を行える状況ではなかった。

野菜種子を通じてブランドの浸透を図る

そこで、まず野菜種子の販売を自力で行う体制を整えるため、一九八四年にそれまで事務所を間借りしていたサンフランシスコを離れ、南サンフランシスコに倉庫付きの社屋を購入。自前の物流機能も整備し、本格的な販売活動を始めた。また、花の営業も通信販売から卸売営業へ転換。一九八六年に日系企業として初めて「フラワーパックトライアル」（本来は、花壇用ポット苗の総合展示発表会をさした言葉。現在では切り花も含めて広い意味での花の総合展示発表会として行われることが多い）を実施し、「花のサカタ」の存在を全米にアピールした。

花種子と野菜種子の営業活動がさらに本格化するのは、一九八八年にカリフォルニア州モルガンヒルに新本社が完成してからで、販売チームの拡充と歩調を合わせるかのように、二枚看板のブロッコリーとパンジーを中心に売上高を急速に伸ばしていった。研究面でも、当社が開発したキャベツやブロッコリー、メキャベツなどを「アメリカのサラダボウル」と呼ばれるカリフォルニア州サリナスや、サンタマリアで試作（図8）。さらに現地の気候・風土に適した品種改良を行うため、サリナスに研究農場を開設したのは、一九八五年である。続いて一九九〇年に生産研究農場をアリゾナ州ユマに、一九九二年には果菜類の品種育

図８　サカタ・シード・アメリカ

成のため、フロリダにも研究農場を設けた「ＳＡＩ」は、ブロッコリー、キャベツ、メロン、パンジーなどのシェアを急速に拡大。とくにブロッコリーは「グリーンデューク」、「ショーグン」、「グリーンバリアント」、「マラソン」など優良な品種を次々に開発したため、アメリカ市場でのシェアが五〇パーセントを超えた。さらに日本市場向けホウレンソウも軌道に乗せ、アトラス、タイタン、ソロモンと品種数が増加するとともに生産・販売量が増え、日本市場でのシェアは五〇パーセント以上となった。

Ｍ＆Ａにより中米と北米で拠点を拡大

一九八〇年代、当社のブロッコリーがカリ

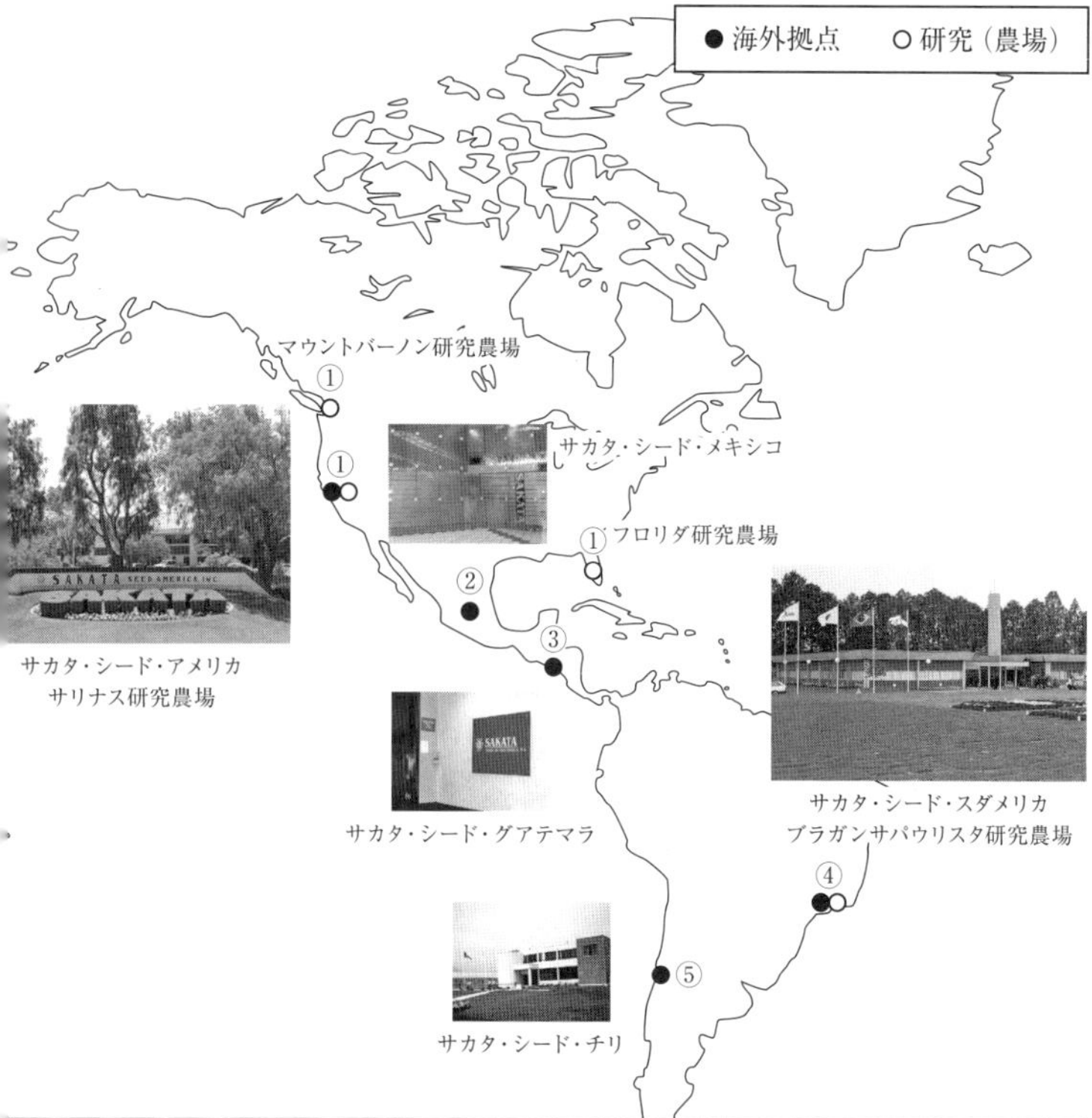

インド	⑨ サカタ・シード・インディア／ベンガルール研究農場
フランス	⑩ サカタ・ベジタブルズ・ヨーロッパ／ウショー研究農場
デンマーク	⑪ サカタ・オーナメンタルズ・ヨーロッパ／オーデンセ研究農場
オランダ	⑫ サカタ・ホランド
イギリス	⑬ サカタ・ユーケー
スペイン	⑭ サカタ・シード・イベリカ
トルコ	⑮ サカタ・ターキー
南アフリカ	⑯ サカタ・シード・サザンアフリカ／サカタ・ベジネティックス

イトの拠点図から改変／ 2015年現在）

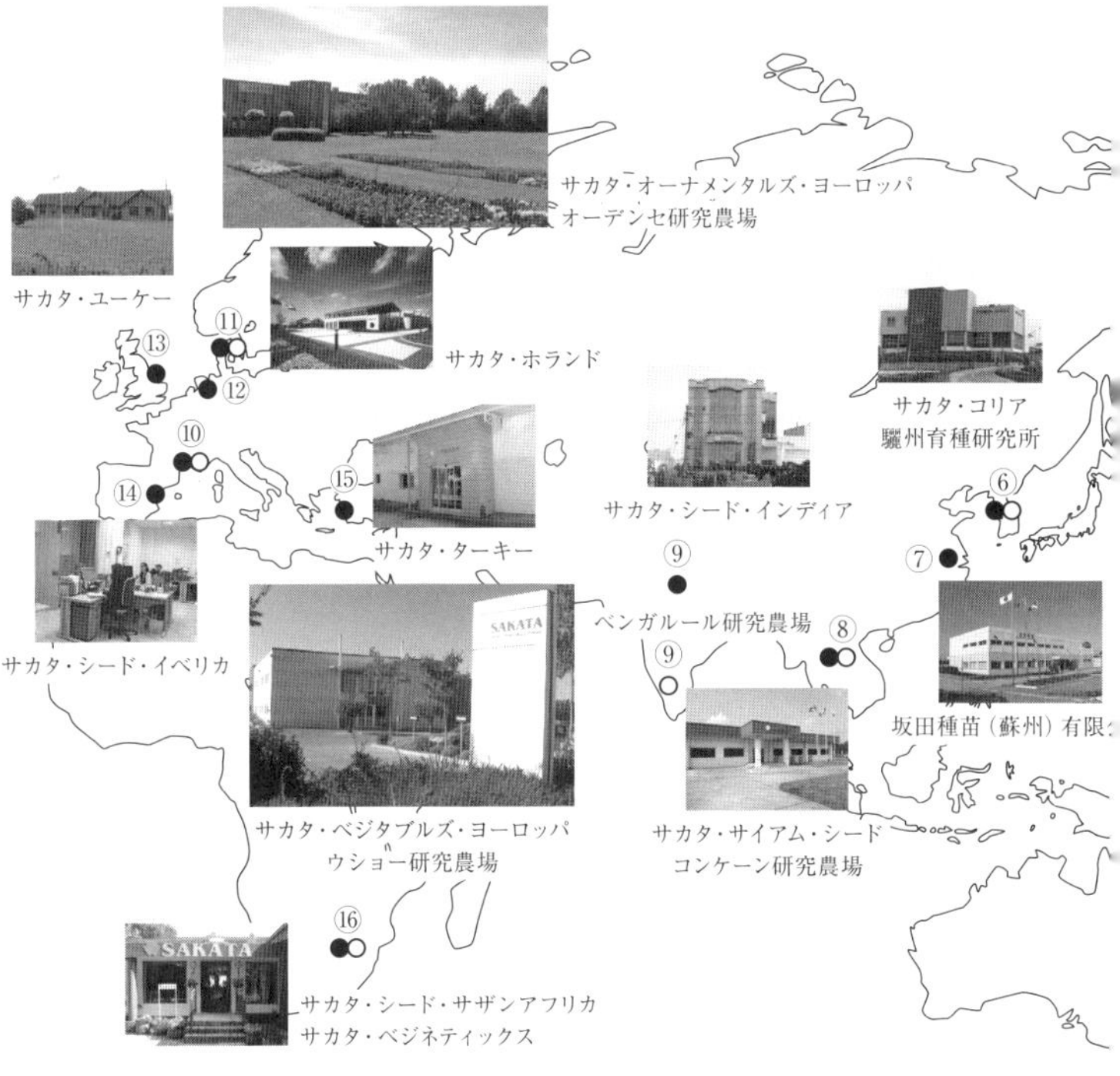

アメリカ	① サカタ・シード・アメリカ／サリナス研究農場／フロリダ研究農場／マウントバーノン研究農場
メキシコ	② サカタ・シード・メキシコ
グアテマラ	③ サカタ・シード・グアテマラ
ブラジル	④ サカタ・シード・スダメリカ／ブラガンサパウリスタ研究農場
チ　リ	⑤ サカタ・シード・チリ
韓　国	⑥ サカタ・コリア／驪州育種研究所
中　国	⑦ 坂田種苗（蘇州）有限公司
タ　イ	⑧ サカタ・サイアム・シード／コンケーン研究農場

図９　サカタのタネの世界拠点（同

フォルニアで栽培される主要な野菜として定着してくると、より安価な冷凍加工用を中心に、ブロッコリーの産地として頭角を表し始めたのがメキシコのバヒオ地域である。それまで地元ではなじみのない野菜だったが、北米でのニーズが増えるとともにメキシコでの栽培が急増した。

「SAI」はこの商機をとらえるため、一九八七年に営業マンをメキシコのセラヤに派遣して販促活動を開始。一九九三年に現地法人「サカタ・シード・メキシコ」を設立し、地元の生産者へのアプローチを強化していった。続いて一九九六年九月、中米コスタリカで、フランスの大手種苗会社クローズ社の子会社、フローラ・フェリス社を買収した当社は、「サカタ・セントロアメリカ」を設立した。一九八五年創業のフローラ・フェリス社は首都サンホセ近郊に農場を持ち、標高一二〇〇メートルの冷涼な気候を生かして、クローズ社の花を中心に生産と育種を行っていた。クローズ社は一九九四年に花部門を他社に売却した後も、フローラ・フェリス社は保有したまま売却先を探していたのである。

コスタリカは周年栽培が可能なうえ、生産者の技術水準も高かったため、一九五〇年代から欧米の育種会社が進出して生産拠点を設けてきた国である。当社はこの「サカタ・セントロアメリカ」を「SAI」の管理下に置き、種子生産と低緯度地域向けの研究拠点にするため始動させた。さらに二〇〇〇年四月、当社は「ＳＡＩ」の種子生産の管理業務を行う「サカタ・シード・グアテマラ」を設立した。一方、北米では二〇〇二年に一九七〇年代からの種子生産の委託先で、研究開発のパートナーだった「アルフ・クリスチャンセン・シード」を買収した。ワシントン州に位置する同社は一九二六年の創業以来、高緯度で海洋性のおだやかな気候の立地条件を生かし、ホウレンソウやニンジン、ビート、カブ、キャベツなどの種子生産を行ってきた。その中で世界の種苗会社から委託生産の実績を積み、自ら育種や販売にも取り組んできた企業である。当社は一九八一年に生産および共同研究の契約を結び、ホウレンソウやキャベツなどの協力関係を強化し、一部株式を保有してきたが、二〇〇二年に完全子会社化した。

加えて、二〇〇五年にカリフォルニア州の「クオリベジ・シード・プロダクション」社を買収した「ＳＡＩ」は、後にこれを吸収・合併した。ＳＡＩはスイカの育種には長い歴史を持ち、フロリダ農場でそのプログラムを継承してきたが、ウリ科作物の育種と種子生産、販売を行ってきたクオリベジ・シード・プロダクションの買収により、遺伝資源の幅が一段と拡大し、高品質種子の生産をさらに効率的に行えるノウハウを獲得することができた（図９）。

オランダからヨーロッパの花市場へ参入

こうして北中米で海外展開を始めた当社は、一九九〇年に東京証券取引所第一部に上場し、次の目標をヨーロッパ・中東地域に定め、SAKATAブランドをさらに世界へ広げようと考えた。

実際にこの地域で現地法人を作り、本格的な事業を開始したのは一九九〇年からである。それ以前から代理店を通じて花や野菜の種を販売していたため、一部の国々では販売が順調に伸び、SAKATAブランドもある程度浸透していた。しかし、さらに事業を拡大して自社ブランドを浸透させるには、やはりマーケットに近い場所に事務所を構えることが不可欠だと判断。一九八八年暮れにオランダのアムステルダム近郊、ホッフドドルプに小さな事務所を借り、「ヨーロッパ連絡事務所」とした。

オランダを選んだ理由は、第一に大手種苗会社が同国に本社を構えていたため、園芸に関する情報が集まりやすかったこと。第二に、同国は当時のヨーロッパのハブ国家として機能し、人やモノを集めやすかったこと。そして、何と言っても世界に冠たる園芸大国だったからである。

当初は日本人スタッフ二名と秘書だけの小さなオフィスだったが、一九九〇年三月にヨーロッパ初の現地法人「サカタ・シード・ヨーロッパ」を設立。そして、一九九三年四月にアムステルダムの隣、ライゼンハウトにヨーロッパ本社ビルと種子倉庫、農場を建設し、研究開発と生産、販売機能を備えた総合種苗会社となった。

「サカタ・シード・ヨーロッパ」はヨーロッパ全域をテリトリーにするため、社員は日本人をはじめ、オランダ人やイギリス人、ドイツ人、ロシア人、デンマーク人など、国際色豊かな構成だった。これらスタッフがきめ細かい営業活動を行い、サービスを向上させたことにより、ＳＡＫＡＴＡブランドは市場でさらに高い評価を受けるようになる（図10）。

図10　1993年当時のサカタ・シード・ヨーロッパ

長い歴史を誇るヨーロッパの園芸文化は、その質において今も世界のリーダー的存在だが、取引される植物の量も世界一である。中でも抜群の取引高を誇るオランダのアールスメール市場はバラやキク、カーネーションなどの切り花を主に流通させていたが、一九九〇年代初頭、そのマーケットにF_1品種のトルコギキョウ「エコー」シリーズを紹介し、世界の花市場の常識を覆したのが当社である。その後、トルコギキョウは夏の代表的な切り花としてトップ一〇に入る取扱高となり、さまざまな人々に「心の栄養」を届ける名花として知られるようになった。また、パンジーは通常、春先に咲くのを楽しむ植物だったが、その常識を塗り替えたのも当社である。花壇に植えた株が一度秋に開花し、春先にもう一度開花する「リーガル」シリーズを市場に紹介。画期的なパンジーとして高く評価されて市場を席巻したため、ほとんどのパンジーが同様な性質を持つよう改良された。

拠点を各国に配置し、自社ブランドで勝負

一口にヨーロッパと言っても北欧や西欧、東欧では花や野菜に対する嗜好や食習慣がかなり違う。それを実感した当社は国際的な競争が強まる中、研究開発と生産、販売の拠点を各地に配置し、自社ブランドで勝負する必要性を感じた。そこで「サカタ・シード・ヨーロッパ」の活動が軌道に乗ると、各国の代理店経由だった販売体制を改めて自社の営業部隊による直接販売に大きく舵を切った。

そして、一九九六年に野菜の主要産地である南フランスのニームに「サカタ・シード・

フランス」を、スペインのバレンシアに「サカタ・シード・イベリカ」を設立し、積極的な販売活動を開始した。また、同じ年にイギリスの代理店の一つで、老舗種苗会社だったサミュエル・イェーツ社（オーストラリアのアーサー・イェーツ社の子会社）を買収。イギリスの花種子と野菜種子の販売網と、アーサー・イェーツ社が育成したカリフラワーなどの欧州全域における販売権を手中に収めた。さらに一九九八年、ニーム近郊のウショーに研究農場を開設した当社は、国立の農業研究機関や世界的な種苗会社が研究施設を構えるこの地で、地中海沿岸に広がる野菜の大産地に照準を合わせた研究開発を始動。同地域の産地向けに花の適応性評価も始めた。

ヨルダンのアンマンに「中東連絡事務所」を開設したのも一九九八年である。中近東ではキュウリ「スイートクランチ」や、スイカ「アスワン」などを販売し、古くから当社の存在感は大きかったが、代理店任せの販売には限界があった。そこで、中近東諸国の中でも周辺諸国と人や物の往来があり、商流の構築でも自由度が高いヨルダンに営業の拠点を設けることにした。

翌一九九九年、当社は長く野菜種子の総代理店だった南アフリカ屈指の種苗会社、メイフォード・シーズ社を買収し、その研究・生産・販売機能を獲得した。改組を経て、二〇〇八年から「サカタ・シード・サザンアフリカ」となった同社は現在、サブサハラ地域の拠点として位置づけられている。

ヨーロッパ・中東・アフリカ・ロシアの統括

二〇〇一年二月、当社はヨーロッパ・中東・アフリカ・ロシアの拠点を統括し、効率的に管理していくことを目指して、フランスに持ち株会社の「ヨーロピアン・サカタ・ホールディング」を設立。本社が保有していた当該地域の関係会社株式を同社に譲渡した。さらに、南欧の野菜生産地のより近くで戦略を展開することを目指した当社は、同年四月に南フランスのモンペリエに「ヨーロピアン・サカタ」を設立。オランダにあったヨーロッパ本社の機能や管理機能もフランスに移すことにした。

二〇〇三年にはデンマークの老舗種苗会社であるデンフェルト社の花事業と農場、施設を買収することに合意し、新たな花の拠点として「サカタ・オーナメンタルズ・ヨーロッパ」が設立された。この買収で、当社は従来より世界一のシェアを誇るパンジー、ラナンキュラス、トルコギキョウに加えてベゴニア、ガーベラ、プリムラでも世界のトップ品種を獲得することができた。これに伴い、「サカタ・シード・ヨーロッパ」にあった花の事業拠点はデンマークへ移転。また野菜事業拠点は「サカタ・シード・フランス」に移管され、二〇〇三年からウショーで「サカタ・ベジタブルズ・ヨーロッパ」として新たなスタートを切った。こうして「ヨーロピアン・サカタ・ホールディング」傘下の事業は、花はデンマークの「サカタ・オーナメンタルズ・ヨーロッパ」から、野菜はフランスの「サカタ・ベジタブルズ・ヨーロッパ」から、それぞれのグループ内の販社や代理店に対応しながら行われることになった。欧州統括本社の役目を終えた「サカタ・シード・ヨーロッパ」は、二〇〇四年に「サカタ・ホランド」と改称。世界の花ビジネスの中心地であるオランダに軸足を置き、「サカタ・オーナメンタルズ・ヨーロッパ」と連携しながら販売活動を行っている。

同年、野菜の巨大な潜在市場であるロシアに「サカタ・ベジタブルズ・ヨーロッパ」の営業担当者を配置し、市場調査を開始。二〇一〇年に開設した「ロシア連絡事務所」が「サカタ・ベジタブルズ・ヨーロッパ」の出先機関として、販促活動を行っている。中近東では「中東連絡事務所」の活動を強化するため、二〇〇六年にヨルダンの高原や渓谷で試作を展開した。加えて二〇一一年九月には、欧州市場に野菜を輸出している大生産地で、花卉生産の重要市場でもあるトルコのイズミールに「ヨーロピアン・サカタ・ホールディング」傘下の現地法人「サカタ・ターキー」を設立。自前の販売体制をスタートさせたことにより、ヨーロッパ・中東地域の重要な柱の一つになることが期待されている。

南米に進出、園芸農業発展に貢献

当社はこうして北中米、ヨーロッパ・中東・アフリカ・ロシアとアジア・オセアニアの「三極」でグローバル化を進めたが、南米では一九七七年にチリへ進出。アメリカで販売するメロン種子の生産を開始し、後に花の種子の生産担当者を派遣。一九九一年八月に生産・販売の現地法人「サカタ・シード・チリ」を設立したが、本格的な育種開発に取り組める拠点は持っていなかった。とくに、高品質種子の需要が拡大していたブラジル市場や、一九九五年から発足したブラジル、アルゼンチン、ウルグアイ、パラグアイ、ベネズエラの五カ国（メルコスール諸国）で構成される「ラテンアメリカ南部共同市場」の需要に対応する事業体制の整備が急がれていた。

そこで一九九四年一一月、現地に移住した日本人が作ったブラジル最大の産業組合組織、「コチア産業組合」が経営難に陥った時、子会社の「アグロフローラ植林・農牧会社」を買収。新たに「サカタ・シード・スダメリカ」を設立した。もともとアグロフローラ植林・

図11　サカタ・シード・スダメリカ社屋

農牧会社はブラジルで初めてF_1の育種に成功し、当時の同国のピーマンを代表する「マグダ」や、ウイルス抵抗性のあるカボチャなどを開発した実力のある種苗会社で、販売面でも高い実績を残していた。ブラジルの園芸農業自体が日系農家によって発展してきた背景に加え、当社がアグロフローラ植林・農牧会社を買収したことで日系人コミュニティーによる園芸産業発展への貢献に拍車がかかった。

同社の育種と生産、販売体制をベースに活動を開始した「サカタ・シード・スダメリカ」は、花卉では、パンジー、プリムラ、インパチェンス、トルコギキョウ、ガーベラ、スターチスなど、野菜では、ニンジン、メロン、キャベツ、ブロッコリー、トウモロコシなど当社の有力品種の需要を開拓し、ブラジルの野菜種子市場のトップ企業となった。そして一九九八年九月、ブラガンサ・パウリスタに新社屋と研究農場を建設し、他の「三極」と連携しながら南半球で事業を進める重要な拠点となっている（図11）。

アジア市場への進出

サカタのタネ本社が統括するアジアでは、一九八〇年代からタイでF_1果菜類の委託生産を行っていたが、一九九六年に種子生産企業の「AGユニバーサル社」と合弁で、「サカタ・サイアム・シード」を設立。バンコクに本社を開設した「サカタ・サイアム・シード」は東北部のコンケーンに生産農場を設け、トマトやメロンなどの果菜類の種子を生産。現在は生産にとどまらず、研究開発や販売でも東南アジアの拠点として位置づけられている。

一四億人の巨大市場を持つ中国では、一九九三年頃から合弁会社を作る動きを行ってきたが、一九九八年に当社の子会社である「坂田種苗（蘇州）有限公司」を設立。江蘇省太倉市で農場用地を買収し、種子倉庫や試験圃場なども設けて一九九九年に開業する運びとなった。さらに一九九七年、韓国で「青源種苗」を買収した当社はこれを二〇〇〇年に「サカタ・コリア」と改称。同年一〇月に「驪州（ヨウジュウ）育種研究所」を開設し、韓国特産のキムチの材料となるハクサイやトウガラシ、ダイコンなどの品種を選抜するとともに、他のアジア地域をターゲットにする野菜の育種を進めることにした。

一方、一二億の人口を抱えるインドはベジタリアンの国で、野菜へのニーズが高く、隣国のパキスタンやバングラデシュなども、食文化が似ている。これら「汎インド圏」の人口は世界総人口の二三パーセントに及ぶ。その潜在需要に魅力を感じた当社は、二〇〇八年に「サカタ・シード・インディア」を設立。当初は日本で育種したカリフラワーやキャベツなどのアブラナ科を中心に販売していたが、その後現地で育種したトマトやトウガラシ、オクラ、ナスなどが商品化され、今後販売がますます拡大していくものと考えている。

5　種苗会社の今後

自然環境の悪化

産業革命以降、化石燃料の大量使用による温室効果ガスの影響で地球の温暖化は、その歴史上、かつてないスピードで進行したといわれている。

また、気象変動の振幅と、地域ごとの差はますます広がり、極端な乾燥と降雨、高温と低温などが観測され、さらに、強大化した台風（ハリケーン、サイクロン）や頻発する竜巻などが人々の生活に大きな影を落とすようになっている。

これらは当然のごとく、多くは自然環境下で行われる農業にも悪影響を与えている。種苗メーカーは育種という作業を通じて、このような気象条件や病害などに対応する品種を生み出すという大きな役割を担っている。乾燥が激しい地域には乾燥に強い品種を、過湿が進行する地域には過湿に強い品種を。そして、病気に強く、農薬使用量を減らせる品種を。美味しくて収穫量が多いことも大事だ。さらに、最近では、空気中や土壌中の有害物質を吸収分解するような機能を持つ植物も登場している。育種に望まれることは今後ますます増えていくだろう。

安定供給への努力

また、どんなに優良な品種でも、その種苗が安定的にしかも高品質で供給されなければ実際に栽培することはできない。種苗メーカーは農家と同様（採種はまさに農家が行っている）に激変する気象に苦労しながら採種を行っている。緯度や高度を利用し、さらに南半球と北半球の季節の差を利用して、様々な場所で採種を行いリスクを分散、そして、採種方法の改善なども行って安定した種苗の供給に努めている。

一方、新興国では人口が増加し、安定した食糧供給を担保するために種苗の果たす役割がさらに大きくなり、耕地面積の増加やF_1化も進むため、そのマーケットは急速に膨らむことが予想される。成熟市場の国々（ヨーロッパやアメリカ、日本など）では、野菜では安心安全への希求が強まり、花に心の安らぎを求め、やはり種苗の重要性は高くなっていく。「種苗」は植物の源であり、人々がこの地球上に暮らす限り、「種苗会社」の必要性と重要性は変わることはないであろう。

索　引

さ　行

た　行

な　行

は　行

ま　行

や　行

ら　行

《著者紹介》
各章扉裏参照。

シリーズ・いま日本の「農」を問う⑩
いま問われる農業戦略
——規制・TPP・海外展開——

2015年11月30日　初版第1刷発行　〈検印省略〉

定価はカバーに
表示しています

著　者　長命洋佑・川﨑訓昭
長谷　祐・小田滋晃
吉田　誠・坂上　隆
岡本重明・清水三雄
清水俊英

発行者　杉　田　啓　三
印刷者　坂　本　喜　杏

発行所　株式会社　ミネルヴァ書房
607-8494　京都市山科区日ノ岡堤谷町1
電話代表　(075)581-5191
振替口座　01020-0-8076

冨山房インターナショナル・兼文堂

ISBN 978-4-623-07308-5
Printed in Japan

シリーズ・いま日本の「農」を問う

体裁：四六判・上製カバー・各巻平均320頁

① 農業問題の基層とはなにか

――――――――――末原達郎・佐藤洋一郎・岡本信一・山田　優 著

●いのちと文化としての農業

② 日本農業への問いかけ

――――――――――桑子敏雄・浅川芳裕・塩見直紀・櫻井清一 著

●「農業空間」の可能性

③ 有機農業がひらく可能性

――――――――――中島紀一・大山利男・石井圭一・金　氣興 著

●アジア・アメリカ・ヨーロッパ

④ 環境と共生する「農」

――――――――古沢広祐・蕪栗沼ふゆみずたんぼプロジェクト・村山邦彦・河名秀郎 著

●有機農法・自然栽培・冬期湛水農法

⑤ 遺伝子組換えは農業に何をもたらすか

――――――――――椎名　隆・石崎陽子・内田　健・茅野信行 著

●世界の穀物流通と安全性

⑥ 社会起業家が〈農〉を変える

――――――――――――――益　貴大・小野邦彦・藤野直人 著

●生産と消費をつなぐ新たなビジネス

⑦ 農業再生に挑むコミュニティビジネス

――――――曽根原久司・西辻一真・平野俊己・佐藤幸次・南部町商工観光交流課 著

●豊かな地域資源を生かすために

⑧ おもしろい！　日本の畜産はいま

――広岡博之・片岡文洋・松永和平・佐藤正寛・大竹　聡・後藤達彦 著

●過去・現在・未来

⑩ いま問われる農業戦略

――長命洋佑・川﨑訓昭・長谷　祐・小田滋晃・吉田　誠・坂上　隆・岡本重明・清水三雄・清水俊英 著

●規制・TPP・海外展開

―――――― ミネルヴァ書房 ――――――

http://www.minervashobo.co.jp/